摂食障害モデル
関あいか
彩図社

※本書に登場する個人名は、一部改変して掲載しています。

はじめに

ゲロの吐き方は、大きく分けて3種類ある。

口に指を突っ込む「指吐き」と、お腹の力を使う「腹筋吐き」、そしてチューブを直接胃の中に突っ込む「チューブ吐き」だ。

指とチューブは努力でなんとかなって、逆に腹筋には才能が必要。一部の人だけが使いこなせる、特殊能力だ。なぜか才能があった私は、主に腹筋吐きをしていた。

コンビニで大量に買い込んできた食べ物を、手当たり次第胃袋に放り込む。お腹が破裂するくらいパンパンにして、トイレに駆け込む。

便器を抱き抱えて、お腹に力を入れる。

しばらくすると食べたものが胃袋からせり上がってきて、一気に身体中が熱くなるのを感じる。

一瞬だけ苦しくなったあと、大量の吐瀉物が便器にぶちまけられる。

独特の酸っぱい臭いが鼻をつく。

吐いている間は頭が真っ白になって、どうにかなっちゃうくらい気持ちいい。

嫌なことも全部忘れられて、文字通りすべてを吐き出すことができた。

——まだ足りない。もっと食べて、もっと吐きたい。

欲求は簡単にはおさまらず、胃袋が空になって少し休むと、また次の食べ物に手を伸ばす。

少し前まで、私は毎日のようにこんな生活を送っていた。

いわゆる摂食障害、過食嘔吐と呼ばれる病気だ。

大好きなママから認めてもらうこと、褒めてもらうこと。

私の人生の目標は、ずっとそれだけだった。自分が必要だと思ってもらいたくて、中学生の頃に雑誌のモデルになった。頑張って痩せたらたくさん仕事が貰えて、たくさん褒めてもらえた。初めて、自分の居場所を見つけた気がした。

その日から、私は太ること＝食べることが怖くなった。

身体が食べ物を全く受け付けず、無理やり食べてもすぐに吐いてしまうようようになった。それを続けていると、今度は吐くこと自体が快感になってしまった。大量に食べて大量に吐く「過食嘔吐」を覚えた。


摂食障害の患者数は、国内だけで20万人を超えると言われているらしい。主に若い女性が罹りやすい病気で、私のもとにもSNSを通じて相談が寄せられることもある。

拒食症、過食症、そして過食嘔吐。「摂食障害」とは言っても細かい症状は色々あって、これらはすべて心の病気だ。過去のトラウマだったり、強迫観念だったり、患者さんの数だけその原因にも種類があって、「これをすれば治る！」という治療法は残念ながら存在しない。

そしてもうひとつ、摂食障害が「完治」することはほとんど無いと言っていい。今はだいぶ落ち着いたけど、私だってまだまだ治療中の身だ。

「とはいえ患者として自分が苦しんできた過程を知ってもらうことで、同じ悩みを抱える人たちにとって何か助けになることがあるのではないか?」

そんな思いから、この本の執筆はスタートした。

摂食障害の発症から、現在に至るまでの27年間。辛かったことも、恥ずかしかったことも、何もかもさらけ出して書いた。ずっと苦しんで、我慢ばかりしてきた自分の経験を無駄にしたくなかった。

参考になるかわからないくらい無茶苦茶な私の人生だけど、少しでもあなたの助けになりますように。最後まで読んでいただけたら、嬉しいです。

目次

01.

白いご飯と／私の家族

いびつな家族

1996年12月。私は埼玉県川口市に生まれた。田んぼばかりで何もない、典型的な地方の田舎町だ。

パパとママ、そしてお兄ちゃんが2人。家賃3万円、半地下の団地に住む私たちの暮らしは、とても裕福とは言えなかった。

上のお兄ちゃんは8つ、下のお兄ちゃんは4つ年上だ。

上のお兄ちゃんは長男らしくしっかりした性格で、まさに兄妹のリーダーという感じだった。

逆に下のお兄ちゃんの方は内向的な変わり者で、鍵をなくしたからと言って窓ガラスを割って家に入ってきたり、スーパーに並んでいる大好物のきゅうりを売り場そのまま齧ってしまったり、何を考えてるのかよく分からないようなタイプだった。

意思表示が苦手で引っ込み思案な私の性格は、どちらかと言えばこの下のお兄ちゃんから受け継いだものだと思う。

ある程度年齢が離れていたということもあってか、一緒に遊ぶようなことはほとんどなかった。お兄ちゃんたちがカードゲームやテレビゲームをして遊んでいるのを横目に、私は黙々と絵を描いているような子どもだった。

そんな性格だったから、幼稚園にも友達と呼べるような子はほとんどいなかった。私はずっと、自分の殻に閉じこもっていたのだ。

それは家族に対しても同じだった。

別に仲が悪かったというわけではないけど、誰に対しても適度な距離を保って接するように意識していた。

そんな私が唯一何でも相談できたのが、ママだった。


パパとママは、高校の時にバイト先で出会った同級生だ。たしか17歳のときにお兄ちゃんを妊娠して、そのまま結婚したんだと聞いたことがある。

ママには、少しやんちゃなところがあった。

いわゆる専業主婦というやつで、昼間パパが工場に働きに出ているときは私たち兄妹の面倒を見てくれたけど、夜になると毎日飲みに出かけて行くという生活をしていた。

子どもの私から見ても、ママはすごく男の人からモテそうな感じだった。

「行ってらっしゃい。今日は帰ってくるの？」

綺麗な服に着替えてキラキラしたママを、私はいつも玄関で見送った。その時のママは、家にいるときとは明らかに別の人に見えた。

小さい私にはよく分からなかったけど、もしかしたらパパ以外の知らない男の人と会っていたのかもしれない。


反対に、パパはすごく真面目な人だった。

硬派というか不器用というか、本当はすごく優しいんだけど、それが上手く他人には伝わらないような人。

ママが人生で初めての相手らしく、娘の私から見てもちょっと恐いくらいにママのことを溺愛していた。

いや、あれは溺愛というより束縛だ。

生理用ナプキンの数がどれだけ減っているかいちいち確認したり、「今日はいつもと違う靴を履いていったから男と会っている」と言い出したり、挙句の果てにはママの女友達に直接電話をかけまくったり。家に残された私と2人のお兄ちゃんは、そんな異常なパパの行動にいつも怯えていた。

愛する奥さんが自分と子どもたちを置いて毎晩出かけていくと考えれば気持ちも分からなくはなかったんだけど、それにしてもやりすぎじゃないかな、と子ども心に思っていたのだろう。

私たち一家のなかで主導権を持っていたのは、たぶんママだったと思う。いびつではあるけど一応「家族の絆」みたいなものはあるにはあって、だけどそれもママの気分ひとつでいつでも壊れてしまうような。そんな、危なっかしい家族だった。

そして「その日」は、突然やってきた。異常なまでのパパの束縛に、ママがとうとう耐えられなくなったのだ。

両親の離婚

「私たちはこれから離れて暮らすことになっちゃうんだけど、アイちゃんはパパとママ、どっちが好き?」

小学校1年生の終わり頃、急にママからそう聞かれた。周りにはパパもお兄ちゃんもいなくて、2人きりで部屋にいるときのことだった。

離婚、という言葉はなんとなく知っていた。

ママからは散々パパの悪口を聞いていたし、2人が喧嘩してるところを何度も見ていたからある程度心の準備はできていたけど、それでもかなり戸惑いはあった。

「アイちゃんが好きな方と、一緒に暮らしてくれていいから。遠慮しないで、本当の気持ちを聞かせて?」

私はママのこともパパのことも好きだったし、いきなりそんなこと言われても正直困る。


——仕事はどうするんだろう?

——お金は?

——本当に別れちゃって平気なの?

様々な疑問が、一気に頭の中を駆け巡った。

「ちなみにお兄ちゃんたちは、パパに付いて行くって言ってるんだけど……」

少し表情を曇らせながら、ママはそう続けた。


きっとお金のことを考えれば、私も素直にパパに付いて行った方が良いんだろう。でも、そしたら必然的にママはひとりぼっちになってしまう。

それで本当に良いんだろうか？

大好きなママに、寂しい思いは絶対にしてほしくなかった。今まで楽しく暮らしてきたのに、そんなのあんまりだ。

――アイちゃんは、ママを選んでくれるよね？

直接口には出さないけど、じっとこちらを見つめるママの表情はそう言っているような気がした。うん、きっとそうだ。ママもひとりぼっちが嫌だから、こうして私に聞いてくれてるんだ。


本当にそう思ったのか、思い込もうとしただけなのか。

本当のところは、今はもうわからない。とにかく私は、混乱で頭がパンクしそうになりながら、やっとの思いで声を振り絞ってこう答えた。

「……私はママがいい」

「本当？　ありがとう。ママもアイちゃんに辛い思いはさせないように頑張るから。アイちゃんだけは、何があってもママの味方だもんね！」

ママは私の答えを、とても喜んでくれたみたいだった。よかった。これでよかったんだ。私はほっと胸をなでおろした。

そのままパパともお兄ちゃんたちとも話をする暇もなく、私たちはすぐに家を出ていくことになった。

本当の理由

「ママをひとりぼっちにさせたくない」と思ったのも事実だけど、実は私がママを選んだ理由はもうひとつある。

「これで私がママを独り占めできる」と思ったからだ。

最初に書いた通り、私はお兄ちゃんたちに比べて引っ込み思案な性格で、兄妹の中ではかなり存在感が薄い方だった。

だけどそんな私でも、これからはママの愛を一身に受けることができる。パパにはお兄ちゃんたちが付いているからきっと大丈夫だ。そう考えたのだ。

2人がばらばらになってしまうことはもちろん寂しかったけど、私はどこかで嬉しいような、ちょっとワクワクするような気持ちでもあった。

ママとの2人暮らし

私たちが引っ越したのは、近所にあるボロボロのアパートだった。元の家から歩いて5分くらいのところだったから、きっとママは単純に自由な生活が欲しかっただけなんだと思う。「二度と会いたくない」とか「縁を切りたい」とか思っていれば、もっと遠いところに引っ越すという選択肢もあったはずだ。

だけどママはそれをしなかった。だから当然、近くのコンビニでパパと鉢合わせするようなこともあったけど、ママはあっけらかんとした感じで「久しぶり」とか「元気にしてる？」とか挨拶をしていた。そういうさっぱりとした性格が、ママらしいと言えばママらしかった。


パパの方は、そうはいかなかった。

大好きだったママに捨てられて、精神的に相当参ってしまったみたいだった。

週に1回、私とママは定期的にパパの家に行くことになっていたけど、パパは事務的な会話以外はほとんど口を開かなかった。

一切視線も合わさず、完全に他人として私たちのことを見ていたようだ。

「パパは真面目な人だからね」

新しい家までの帰り道、私にそう言っていたママの表情は、少しだけ寂しそうにも見えた。


ママはパチンコ店のドリンクサービスにパートで出るようになって、放課後、学童に預けられた私を毎日迎えに来てくれた。

学校はあんまり楽しくなかったけど、ママとの楽しい帰り道のことを考えると、なんとか耐えることができた。

夜ご飯は、ママが行きつけの居酒屋で一緒に済ませることが多かった。美味しそうにお酒を飲むママの横で、私はおつまみをちょっとずつ貰うような感じだ。多分育ちざかりの小学生にしては食事の量も栄養も全く足りていなかったと思うけど、私はそれでも全然よかった。

当時の私は食に対して全くと言っていいほど興味がなかったし、そもそも「あなたはあまり食べなくていい」という教育を受けていたからだ。特に白いご飯などの炭水化物に関しては、小さい頃に食べた記憶がほとんどない。

やっぱり家にお金がないから？

そうと思う人もいるかもしれないけど、理由は別にあった。パパとママが一緒だったときから、私以外の家族はみんな普通に白いご飯を食べていたと思う。そうじゃなくて、私が白いご飯を食べなかったのは、ママから「女の子は太っちゃだめだから、あなたは食べないように」と言われていたからだ。私も「そういうものなんだ」と思っていたし、そこにストレスは特になかった。

ひとつ困ったことがあったとすれば、小学校の給食だ。私は、給食をどういう手順で食べたらいいのか分からなかった。

ご飯、おかず、お味噌汁。

どれにどのタイミングで手を付けていいのかわからず、特に最初は結構パニック状態だったような記憶がある。そもそも食べること自体があまり好きではなかったし、おかずだけ食べてあとは残してしまうことも多かった。

昼休みになってもひとりで教室に残されて給食を食べている子はどのクラスにもいたと思うけど、私もまさにそういうタイプだった。

もともと細かったのもあって、周りから見れば当時の私は結構ガリガリだったと思う。

さすがに摂食障害と言えるほどの症状ではなかったしその自覚もなかったけど、この頃の生活習慣が今の私になんらかの影響を与えているのは明らかだ。

もっと私を見て欲しい

当時、私は習い事のヒップホップダンスを頑張っていた。これも「女の子は習い事をしてなにか身につけなさい」というママの教えからだ。勉強は得意じゃなかったから、消去法でダンスを選んだ。小学校に入ったときから、なんやかんやで中学2年生くらいまで続けていたと思う。

正直、練習は嫌いだった。

それでもなんとか続けられたのは、定期的に開催される発表会を見て、ママがすごく喜んでくれたからだ。私のために張り切って衣装も作ってくれたし、それがとにかく嬉しくて「もうちょっと頑張ってみようかな」と思えた。もっとママに自分を見て欲しい。褒めて欲しい。とにかくその一心だった。

この頃の話を人にすると、多くの人が口を揃えて「大変だったね」とか「辛かったでしょう」と私に言ってくる。そしてそういうことを言ってくるのは、決まって〝幸せな〟子ども時代を過ごした人たちだ。

私はそれが本当に気に入らない。

いわゆる〝母子家庭のそういう感じ〟っていう型に私を当てはめたいのかもしれないけど、そんなのとんでもない。当時の私は、幸せそのものだった。なんなら、この頃が私の人生で一番幸せだった時期だと思う。

大好きなママとの２人きりの生活は本当に夢のようで、この暮らしがいつまでも続いて欲しいとさえ思っていた。

だけど、現実はそう上手くはいかなかった。

私とママの２人だけの世界に、ある日突然知らない男の人が入ってきたのだ。

まーくん

小学3年生のときだったと思う。

いつものように学童でママの迎えを待っていると、知らない男の人に声をかけられた。26、７歳くらいだろうか。見た目は、普通の若いお兄さんって感じの人だった。

「アイカちゃん、一緒に帰ろっか」

チュッパチャプスを差し出しながらそう言う男の人を見て、私は完全に不審者だと思った。学校では「知らない人には付いて行かない」と習っていたし、このまま言うことを聞けば、どこかに攫われて悪いことをされてしまうに決まってる。あまりの怖さに何も言えずおどおどしていると、学童の先生が声をかけてきた。

「アイカちゃん、大丈夫よ。今日はそのお兄さんと帰りなさい」

多分、ママから連絡がいっていたのだろう。私は行きたくなかったけど、「ママがそう言うなら」と考え直してその男の人と一緒に家まで帰った。

ママはその男の人のことを「まーくん」と呼んだ。

「まーくんはママの友達だから、アイちゃんも仲良くしてあげてね。まーくんは家が火事になっちゃって住むところがなくなったから、しばらくウチで暮らすことになったの」

絶対ウソだ。まーくんがただの友達じゃないことくらい、私にだってなんとなくわかった。

——この人はいつまで居るんだろう。

――私とママの生活を邪魔しないで欲しい。

そんな考えばかりが頭に浮かんできて、自分が何を言われているのかいまいち理解できなかった。

まーくんはまーくんなりに、私と距離を詰めようと頑張ってくれていたんだと思う。色々と話しかけてきたり、一緒に遊ぼうとしたり、とにかく積極的に私とコミュニケーションをとろうとしている感じだった。

だけど私はどうしても、拒否反応を示してしまった。話しかけられても基本的にはシカトしていたし、まーくんの前では絶対に笑うことはなかった。

こういう態度をとっていれば、まーくんは私に愛想を尽かして出て行ってくれるんじゃないかというズルい期待も正直あった。

そんな私の計算は、半分だけ当たった。

まーくんは、すぐに私に愛想を尽かした。だけどそれで家を出ていくことはなくて、代わりに私のことで頻繁にママと喧嘩をするようになってしまった。

「お前の娘、全然可愛くねえんだよ」

「なんであんなに愛想ないわけ?」

散々ママに当たり散らしてまーくんはどこかに出かけていく。そんな日が、何日も何日も続くようになっていった。

まーくんが外に行ってる少しの間だけは、私とママの2人だけの空間だ。ママの機嫌は悪いし、たまに泣いてる日もあったけど、それでも正直言ってまーくんが家にいるよりはだいぶマシだった。


こんな日が続けば、ママはまた前のパパの時みたいにお別れを決意してくれるかもしれない。それがいつになるかは分からないけど、とにかく今の私にできるのは、傷ついたママに寄り添ってあげることだけだ——そう思ったある日、私はいつものようにまーくんと怒鳴り合って落ち込んでいるママを慰めようと声をかけた。

「……ママ、大丈夫?」

辛いときは私を頼って欲しかったし、ママがそうしてくれたように、私もなんとかしてママの力になりたかった。だけどママの返答は、私が期待していたものとは180度違うものだった。

私を睨みつけて、ママはこう言った。

「アイちゃんが可愛くないせいだよ」

ママの声には、私に対するイライラや失望がこれでもかってくらいにこもっていた。あまりのショックに、目の前が真っ暗になった。

せっかくママとの幸せな暮らしが手に入れられそうだったのに。いきなり見ず知らずの男が現われて、知らないうちに私の方がのけ者にされた気分だった。

私が「可愛くない」のは、愛想がないから？　顔がブスだから？　ここまで積み上げてきたママとの関係が、自分という存在が、急に何も信じられなくなった。

私にとって一番怖いのは、ママに捨てられることだった。それだけはどうしても耐えられない。

自分が我慢さえすれば、すべて上手くいくんだ。

私は考え方を大きく変えた。これからはせめて表面上だけでも、まーくんにも愛想よく接して家庭を円満に回していこう。それで丸く収まるのなら、自分の感情なんてどうでもいいと思った。

金髪の小学生

学校はあまり好きじゃなかった。

幼稚園から小学校に上がるタイミングで、

「アイちゃん、絶対に可愛くなると思う！」

とママに言われて私は金髪にさせられた。そのまま卒業式まで、私は6年間金髪で通した。そんな見た目だから先生にも色々言われるし、寄って来る同級生はみんなやんちゃで派手な感じの子ばかりだった。

だけど私は別にヤンキーってわけでもないし、どちらかと言えば元々の性格は暗い方だ。

「アイちゃんのそういう性格、ほんとパパにそっくりだよね」

サバサバしたママには、いつもそう言われて育てられてきた。

小学校時代は、周りからのイメージと本当の自分とのギャップが結構しんどかった記憶がある。本当はもっと普通の子たちと仲良くしたかったけど、いつも仕方なく自分と同じような見た目の子たちとつるむようにしていた。

5年生になったくらいの頃だろうか。そんな友達付き合いにもさすがに嫌気がさしてきて、いつからか私はその子たちと距離を置くようになっていった。頑張って話を合わせるのも疲れるし、もっと言えばそういう集団のことがあまり好きになれなかったのだ。


昨日まで仲良くしていた私が、急によそよそしい態度をとるとどうなるか？

そう、イジメが始まる。

皆からあからさまに無視されたり、登校すると机に落書きがしてあったり。小学生がやりそうなイジメの「あるある」は、ほとんど全部受けたと思う。自分の机に書かれた「死ね」の文字は、いまだに忘れることができない。イジメは、いつまで経っても終わることはなかった。

当然ショックだったし、怖かった。

迷惑をかけたくなかったからしばらくは我慢してたけど、ある日耐え切れずにイジメのことをポロッとママに言ってしまった。

「最近、机に落書きとかされてて……もう怖いから学校行かなくてもいい？」

自分がイジメられていることを親に告白するなんて、こんなにみじめで恥ずかしいことはない。自分の顔がみるみる真っ赤になっていくのを感じながら、私はママの返事を待った。

「アイちゃん、そんなこと言っちゃダメだよ」

ママははっきりと否定して、こう続けた。

「そういうときこそ、負けずに行くの。そして明日、皆にギャフンと言わせてきな！」

「そんなこと言ったって、どうすればいいの？」

「皆がいる教室に入っていって、落書きされた自分の机を蹴っ飛ばすの。それだけやればいいから、あとは全部無視して帰ってきなさい。ママ、アイちゃんがそんな扱いを受けて黙ってるなんて耐えられないから」

「そんなのできないよ！」

「いいからやるの！　わかった？」

ママのあまりの剣幕に、私はしぶしぶ頷くしかなかった。

落書きだらけの机

次の日の朝。

私は朝礼をしている教室にひとりで入っていった。異物を見るような皆の視線が痛い。周りのヒソヒソ話や、こちらに何か言ってくる先生の姿が目に入ったけど、心臓の音がうるさくて何も聞こえなかった。

震える足で落書きだらけの机に一直線に向かうと、私は渾身の力を込めてそれを蹴り飛ばした。

「きゃー!」

「何してるの!」

教室のあちこちで悲鳴が上がる。止めようとする先生や同級生の手を振り払って、私は逃げるように教室を飛び出した。

ママの言う通りにできた。これでいいんだ。まだ足の震えが止まらない帰り道、私は不思議と少しスッキリした気分になっていた。

後日、ママと学校の先生たち、そして他の同級生たちの親を集めて、話し合いの場が設けられたみたいだった。

私はその場にいなかったけど、事前にイジメの内容や犯人の心当たりを詳しく聞かれたから、たぶんそういうことなんだろうと思う。

当然その後に学校に行くのはかなり気まずかったし嫌だったけど、一応はイジメもなくなって良かったかな、という感じだった。

何より心情的には「やることをやってやった」みたいな達成感も大きかったし、この事件以降は冴えない小学校生活も少しはマシになったように感じた。

妹の誕生

まーくんにも気を使ってコミュニケーションをとるようになったことで、家庭内の雰囲気はだいぶ丸くなった感じだった。最初はヘソを曲げていたまーくんも、段々と私を可愛がってくれるようになった。

そんなある日、ママからとある報告があった。

「アイちゃん聞いて！　ママね、お腹のなかに子どもができたみたい。アイちゃんの可愛い妹だよ」

男兄弟しかいなかった私についに妹ができるんだと思うと、素直に嬉しかった。大嫌いだったまーくんのことも、可愛い妹のお父さんだと思えば、ちょっとずつ好きになれるかもしれない。

ただ、そうは言っても心配が全くないわけではなかった。ママにもまーくんにも気を使って、こんなにも我慢が多い家庭環境の中に小さな妹が放り込まれることに、不安があったのだ。

特に夜、みんなで布団に入ってからのストレスはすごかった。私たち3人は小さな部屋で一緒になって寝ることになっていて、ママとまーくんはすぐ隣で寝ている私にお構いなしでセックスをするのだ。小さいながらにそれがどんな行為かはなんとなくわかっていたし、身震いするほど気持ちが悪かった。

ママのそういう女の部分は見たくなかったし、一生懸命息を止めて寝たふりをする私に、

「本当は起きてんだろ？」

と聞いてくるまーくんはもっと最悪だ。

生まれてくる妹には、私みたいなこんな思いはさせたくなかった。

妹が生まれる頃には、家のなかがもっと居心地よくなっていますように。私には、そう祈ることしかできなかった。

ママの決断

妹を妊娠したタイミングで、ママとまーくんの間で結婚の話が持ち上がった。いよいよこの人が、正式に私のパパになろうとしているわけだ。

あるとき、ママから話があると言われた。たぶん結婚のことだろうな、と思い話を聞くと、ママは予想外のことを口にした。

「ママには好きな人がいるんだけど、その好きな人には全然お金がないの。そ

れで、もうひとり別の人からも一緒になろうって言われてて。ママはその人のこと好きじゃないけど、そっちはすごくお金がある人なの。わかる？」

「うん」

「お金がある人と結婚したらアイちゃんは生活に一切困らないし、ママも楽できるんだけど、ママが好きなのはお金がない方なの。アイちゃんは、ママにどっちと一緒になって欲しい？」


ママが好きなお金のない人っていうのは、当然まーくんのことだ。まーくんは無職で、そのくせ借金が３００万円くらいあった。

もうひとりのお金持ちの方は会ったことなかったけど、当時ママには何人か付き合ってる人がいたみたいだし、たぶんそのうちのひとりなんだろうと思う。


普通に考えれば、お金持ちの人と一緒になってもらった方が色々と都合が良いのは明らかだった。だけど当時の私はママに嫌われないことだけを第一に考えて生きていたわけで、もはや選択肢はないようなものだった。

「私はまーくんがいい。ママが本当に好きな人と、一緒になってほしい」

ママは目をまん丸にして喜んでくれた。

「さすがアイちゃん！　ママのこと、なんでもわかってくれるんだね。ありがとう」

言葉ではそう言っていたけど、きっとママも私がどっちを選ぶかわかっていたはずだ。

——前にも、こんなことあったな。

私は、前のお父さんと別れることが決まったときのことをぼんやりと思い出していた。

ママの再婚

結局ママは、まーくんと再婚することに決めた。

妹が生まれてからは、家の雰囲気もさらに良くなったように思う。ママにきつく言われていたのかも知れないけど、まーくんは妹だけじゃなくて私のこともきちんと気にかけるように努力してくれている感じだった。

前のパパとは、変わらず週1回会うようにしていた。

「パパが毎月送ってくれるお金がなくなっちゃったら、アイちゃんも困るでしょ？」

ママにそう言われていたから、まーくんのことはずっと内緒にしていた。だから、

「ママは元気にしてる？」

とパパに聞かれても、

「うん、大丈夫だよ」

と歯切れの悪い返事をすることしかできなかった。

私はパパのことも基本的には好きだったし、ウソをつくことには少し抵抗があったけど、生活していくお金のことを考えると「まあ仕方ないか」と割り切るしかなかった。


それでもさすがに妹ができてママが再婚することになってからは、隠すことができなくてパパにも全部話すことになった。

「そうか、よかったね」

私たちの報告を聞いてそう返事をしたパパは、あのときどんな気持ちだったのだろう。その後もパパは、変わらず私たちに養育費を渡してくれていたようだ。

真面目で昔気質で、そういうところはすごくいい人なんだと思う。

自分の居場所

ほとんど友達もいなくて、ましてや恋愛になんて全く縁のなかった私の学校生活は、中学に入ってから大きく変わることになった。

きっかけは、入学式だった。私は、茶色に染めた髪の毛をくるくるに巻いて入学式に出た。もちろん、これもママに言われてやったことだ。当然そんなのは校則で完全にアウトなわけで、金髪にしていた小学校時代よりも私ははるかに悪目立ちしてしまった。

「何あれ？　めっちゃ派手な子いるじゃん」

「でも結構可愛くね？」

やんちゃな先輩たちから、一瞬で目を付けられた。

とはいえイジメられるようなことはなくて、むしろ彼らの仲間に引き入れられるような形だった。晴れてヤンキー中学生の仲間入りというわけだ。

女の先輩はみんな怖かったけど、男の先輩は基本的に優しく接してくれた。優しいどころか、告白されて付き合うところまでいった人も何人かいた。

バイクの後ろに乗せられて、映画館とかゲームセンターとか、色々なところに連れ回される毎日が続いた。

典型的な不良中学生だ。

でも、やっぱりそこは私がいる場所じゃなかった。

小学校のときと同じで、自分の外見と中身のギャップはどうしても埋めることはできなかったのだ。何カ月か経つとそんな私の本性も少しずつバレ始め、またしても私は自分の居場所を失いかけていた。

ママは、相変わらず私にとって絶対的な存在だった。

「アイちゃんは勉強も運動も得意じゃなくていいの。その代わり、女の子なんだからとにかく可愛くしてるんだよ」

とにかくこの一点張りで、私は育てられた。


まず、日焼けは絶対にNG。教室のなかにいてもアームカバーをつけるように厳しく言われたし、席替えで窓側の席になったときはわざわざママが学校にまで連絡して、

「ウチの子は日焼けさせられないので、廊下側の席にしてください」

と訴えていた。

あとは、ケガをしたり、体に傷がつく可能性のあることもNGだった。プールも、調理実習も、校庭で遊ぶことも、すべて禁止されていた。

ただでさえ周りからはヤンキーだと思われているし、クラスではそんな感じで学校生活を送っていたから、当然私はかなり浮いた存在だった。不良にはなりきれないし、かといって普通の子たちにも相手にされない。小学校と全く同じパターンだ。

――自分の居場所はどこだろう。

――それを見つけるために、何をしたらいいんだろう。

――何か熱中できるものが、胸を張っていられる場所が欲しい。

私は何日も何日も、そのことでぐるぐると悩み続けた。

02.

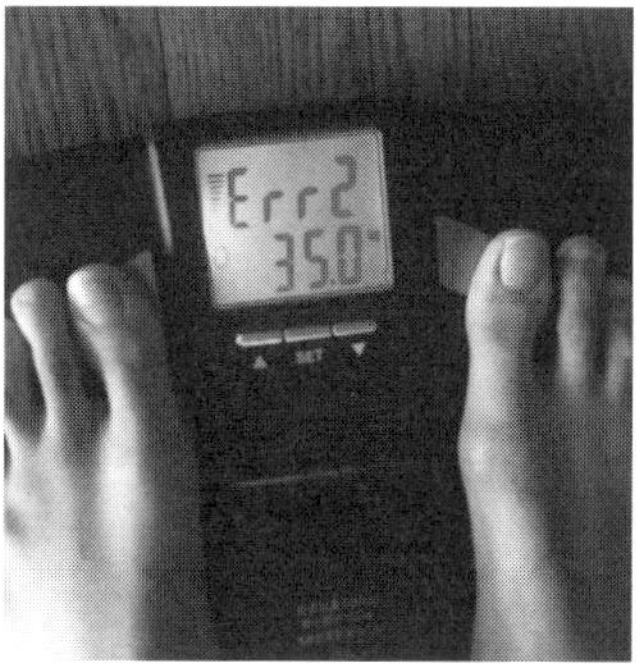

芸能生活と/コンビニのおにぎり

芸能の世界へ

当時、私が唯一周りより優れていることといえば、手足の長さと身長の高さだった。中学1年生の時点で、もう165センチくらいあったんじゃないかと思う。

ママの教育による食生活もあって体型も割と細かったし、これを活かせば私にも何かできることがあるんじゃないか？

そこで思いついたのが、モデルのオーディションだった。

「私、これ受けてみようかと思うんだけど」

当時好きで読んでいた中学生向け雑誌の「読者モデルオーディション開催決定！」というページを見せながら、早速ママに相談した。たしか『Hana*chu（ハナチュー）』って雑誌だったと思う。どうやらグランプリを獲ったら、そのまま特待生としてタダで芸能事務所の養成所に入れるらしい。

「いいじゃん。アイちゃんならいけると思うよ。絶対合格しよ！」

ママは私の想像以上に乗り気になってくれた。

どうせ学校には居場所ないし、もし合格できたら芸能の仕事を頑張って生きて行こう。私は思い切って、オーディションを受けることに決めた。

書類審査を通過し、とりあえず面接までは無事に進むことができた。

自分を表現することが苦手な私にとって、知らない人との面接ほど怖いものはない。正直、考えるだけで足がすくんだ。だけど、今さら迷っている時間はない。そう自分を奮い立たせて、会場へと向かった。

会場には雑誌の編集者から養成所の先生まで、怖い顔をした大人がズラッと並んでいた。そこに女の子たちがひとりずつ前に出て、自分の長所や特技をアピールするという流れだ。

「それでは、何か特技があれば見せていただけますか？」

自分のことをひと通り話し終わったら、次は一芸披露の時間がやってくる。

私は、ずっと習っていたダンスを披露した。嫌々通っていたダンス教室の経験が、こんなところで活きるとは思っていなかった。おかげで審査員の反応も悪くなく、「もしかしたらいけるかも」という手応えがあった。

受かればラッキー、くらいで受けたオーディションではあったけど、急に合格が現実味を帯びた気がして、フワフワと落ち着かない気持ちで結果発表の日を待った。

グランプリには、2人が選ばれた。そしてそのうちのひとりが、なんと私だった。もうひとりは、ユナちゃんっていう同い年くらいの女の子。「本当にこの子と私が?」と不安になるくらい、とても可愛らしい子だった。

きっとこの子が、これから私の戦友であり、ライバルになっていくんだろう。右も左もわからなかったけど、漠然とそう思った。

平日は学校に行って、土日に事務所のスクールに通うという生活が始まった。ママは仕事があったから、毎週おじいちゃんが送り迎えをしてくれた。家族や親戚はみんな喜んで応援してくれたし、私も「ようやく自分が認められるものを見つけたかも」と思ってすごくうれしかった。

コンプレックス

スクールに通い始めてすぐくらいのタイミングで、私は目を二重にするための整形手術をした。元々私は自分のブサイクな顔が本当に嫌いで、小学生の頃から日常的にアイプチをして登校していた。

自分の顔に対してそういう感情が芽生えだしたのは、まだ前のパパやお兄ちゃんたちと生活していた頃の話だ。

その頃の私は、勉強でもスポーツでも、何かとお兄ちゃんたちと比べられることが多かった。見た目に関しても、どちらのお兄ちゃんも割と整った顔をしていて、目もきれいなぱっちり二重だった。

「それに比べてアイちゃんは、本当に顔が薄いね」

ママは口癖のように私にそう言った。

――アイちゃんは女の子なのに、全然可愛くない。

――そのくせ愛想もないし、性格も暗い。

――お兄ちゃんたちの方が、よっぽど可愛い顔をしている。

大好きなママが私に放つ言葉たちは、私の胸に容赦なく突き刺さってきた。

「アイちゃんが生まれたときにね、ママ、真っ先に先生に確認したの。これ、本当に女の子ですか？　って」


これはママが何度も私に話して聞かせた、定番の〝笑い話〟だった。

――私は、可愛くない。

途中からショックを受けるとかそういう次元は通り越して、いつしかこれは私のなかで揺らぐことのない、圧倒的な事実になった。

小学3年生の頃ぐらいから、私は自分の顔を変えることを覚え始めた。眉毛を剃ってみたり、ビューラーを使ってまつ毛を上げてみたり。その中で見つけたひとつが、アイプチだった。

もちろん、雑誌のオーディションにもバチバチにアイプチをして臨んだ。それで合格できたのはいいものの、同時に「これがウソの顔だってバレたらどうしよう」という不安も私のなかにあった。

恐る恐る相談してみると、ママの答えは明確なものだった。

「わかった。じゃあ、整形しよ。アイちゃんがやっと可愛くなれるチャンスだよ！　ママ、応援するから」

私は、速攻で美容外科に連れて行かれることになった。

整形手術

「お母さん。アイカちゃんはまだまだ子どもですし、これからどんどん顔も変わっていきます。本当にいいんですか？」

二重の手術にやってきた中学1年生の私を見て、先生はかなり驚いた様子だった。

「構いません。遠慮せずやってください」

「アイカちゃんも、本当にいいんだね？」

先生がこちらに顔を向ける。そりゃ怖いか怖くないかと聞かれたら、どう考えても怖いに決まってる。診察室に並ぶ、何に使うのかもよくわからない器具たちが、ニヤニヤ笑いながら私のことを見ているように感じた。

「……はい、大丈夫です」

なんとかそう答えた。先生の顔も、ママの顔も、まともに見ることができなかった。

私が受けた手術は、「埋没法」と呼ばれるものだった。埋没法は瞼に直接メスを入れる「切開法」と違い、瞼を糸で留めることで無理やり二重のラインを作り出すという手法だ。

そのときも色々と先生に説明されたと思うけど、何も頭に入ってこなかった。いざ病院に来てみたはいいけど、やっぱり痛そうだし怖い……そんな感想しか浮かばなかった。

それでも、これで少しでも自分の顔がよくなるなら――。その一心で私は覚悟を決めて、手術を行うベッドに上がった。


「もうやめて！　痛い痛い痛い痛い痛い！」


大声で泣き叫びながら手術を受けた。当時は今ほど美容整形の技術が発達していなかったし、瞼をひっくり返されて、死ぬほど怖い思いをして打った麻酔も十分に効いてるとは言い難かった。

あまりの痛さに、どうにかなってしまいそうだった。きっと訳もわからず連れて来られていた小さい妹は、私が特殊な拷問でも受けてるんだと思ったんじゃないだろうか。誇張でも何でもなく、辛すぎて手術の時間が永遠に感じた。

「アイカちゃん、お疲れ様。はい、これ」

手術が終わって意識がはっきりしてくると、先生から鏡を手渡された。

「一度、自分の顔を確認してもらえるかな？」

受け取って、恐る恐る自分の顔を確認する。

「……えっ、なにこれ」

その当時の私はよくわかっていなかったんだけど、整形手術のあとにはダウンタイムが付き物だ。切って貼って無理やり顔の形を変えた傷跡が、徐々に馴染んでくるまでの時間のことをダウンタイムと呼ぶ。

手術直後の私の瞼は、自分のものとは思えないほどパンパンに腫れ上がっていた。

「腫れが引いたら、きれいな二重瞼になってるはずだから」

不安がる私を、先生は必死に宥めようとした。とにかく何もかも初めての経験でかなり戸惑ったけど、プロがそう言うんなら、まあ間違いはないんだろう。

不安と安堵、両方の気持ちを抱えながら、私は病院を出た。

手術は無事終わったとして、困るのがその後の学校だ。ダウンタイム中なのでしばらく休みますなんて到底言えないから、仕方なく瞼を腫らせたまま登校するということになった。

〝クラスのヤンキー女が、不自然に腫れた瞼で登校〟

噂好きでデリカシーのかけらもない中学生からしたら、私は格好の注目の的だった。

「どうしたのその目」

「めっちゃ腫れてるじゃん」

「前の方がよかったんじゃない？」

私がなんでこんなことになっているのか何も知らないくせに、学校中が大騒ぎだった。しまいには「アイカは学校の外で援助交際をしている」という、めちゃくちゃな噂までたったほどだ。

噂はすぐに先生たちにまで届いて、私は職員室に呼び出された。

「アイカさん、何があったのか詳しく教えてもらえる？」

大勢の教師に囲まれて、瞼が腫れているわけを問いただされた。別に正直に話してもよかったのかもしれないけど、話が大きくなるのも面倒だし、

「ちょっと目の病気になって、その手術で……」

とかなんとか、適当にウソをついた。

そうやってなんとか誤魔化してるうちに腫れも引いてきて、結局この件はそのままうやむやになった。

色々しんどい思いもしたけど、ようやく私は念願のぱっちり二重を手に入れたのだ。まあそうは言っても、二重になったくらいで自分の顔が好きになるようなことは、全然無かったんだけど。

デビューの条件

ある日、私とユナちゃんはスクールの社長に呼ばれて軽い面談のようなものを受けた。

「いまウチで頑張っているアイドルグループがいて、その子たちの妹分的な存

在を作ろうと思っています。そこであなたたちをメンバーとして考えているんだけど……」

そうか、私とユナちゃんはアイドルになるのか。思ってたのとはちょっと違うけど、まあそれも悪くないか。——そう思いかけた私に社長がかけた言葉は、予想外のものだった。

「でも、アイカちゃん。あなたはちょっと太りすぎね。ユナちゃんくらい痩せてないと、とてもデビューはさせられないわ」

当時の私は、165センチ47キロくらいだった。BMI（身長・体重から割り出される体格指数）は約17しかなく、適正とされる数値である18・5〜25を下回る〝低体重〟だ。

これでもだいぶ細い方だとは思うけど、私とほとんど身長が変わらないユナちゃんは、なんと38キロくらいしかなかった。

「これから夏休みでしょ？　その間に少なくとも7キロは落としてきなさい」

社長のこの発言は、私にとって結構ショックだった。せっかく頑張って、整形手術まで受けたのに。自分のなかに積もりに積もっていた劣等感を、これから少しずつ解消していけると思っていたのに。現実は、そう甘くなかったというわけだ。

帰って報告するとママは、

「大丈夫。ママも協力するから一緒に頑張ろう。アイちゃんも、もっと努力しないとね」

と言ってくれた。

このままでは私は変われないし、ママを喜ばせることもできない。

自分をさらに追い込むための、地獄の夏休が始まった。

無理なダイエット

整形の件もそうだけど、ママには結構極端なところがあって、夏休みに入ってから私に課せられた食事制限はかなり過酷なものだった。というか、もはや「制限」というよりほとんど何も食べてないに等しい。47キロからさらに7キロ以上落とすっていうのは、それだけ異常なことなのだ。

朝起きると、まず体重計に乗る。

前の日から数字が増えていないと、ほっと胸を撫で下ろす。

朝ごはんは基本食べなくて、どうしても何か欲しいときは低カロリーのスープだけを飲むこともあった。

そこから日中は、普通にスクールに行ったり友達と会ったりする。周りに合わせて付き合いで簡単なサラダやお菓子を食べることもあったけど、これも本当は嫌だった。

当たり前のことだけど、物を食べると物理的にその分だけ体重は増えることになる。これを食べたら100グラム、こっちは200グラム……と、常にそんなことを考えながら生活していた。


夜、家に帰ると家族は皆夕食の時間だ。

ママとまーくんと妹は、楽しそうに食卓を囲む。だけど私がそこに加わることは許されなかった。正確に言えば、一緒にご飯は食べるけど私だけは別メニュー、という状態だ。

夕食の前に、まず私は体重をはかる。体重が昨日より減っていたり、最低でも維持できていれば合格。私はステーキを食べることができた。ステーキとは言っても、ママが「ご褒美だよ」と出してくれるこんにゃくステーキだ。このときの記憶が蘇るから、こんにゃくは今でもあんまり好きじゃない。

じゃあ逆に体重が増えていたら？　その日は、なにも食べることは許されなかった。当たり前のように、夕飯が抜きになるのだ。

皆が楽しそうに食べてる様子を見るのもしんどいので、夕飯が抜きになったとき私は外に走りに行くことにしていた。これなら、気も紛れるし体重も落ちるしで一石二鳥だ。この頃は、毎回10キロ近く走っていたと思う。

生理がこなかったことを除けば、不思議と体調が悪くなることはなかった。むしろアドレナリンが出てハイになっちゃって、頭の回転も速くなっていたように思う。だからと言って私が健康体だということにはならないんだろうけど、別にそれでよかった。

とにかくそういう生活を何日も続けて、体重はみるみる落ちていった。そりゃほとんど何も食べてないんだから当たり前だ。

でも、そうやって体重を落とすのも、一定のところまでくると急に限界になってくる。あるときから急に、ダイエットの成果が伸び悩む日が続くようになった。

こんなもんでは、まだ足りないんだ。

ユナちゃんに追いつくためには、もっともっと自分を追い込む必要があるんだと思った。

下剤

極端に食事を摂らないと、出るものも全く出なくなる。ある時から、私はひどい便秘に悩まされるようになった。

「これ飲めば便秘も治るし、もっと痩せられるから」

苦しむ私を見かねて、ある日ママが見たことのない錠剤を手渡してきた。下剤だ。それも、かなり強めのやつ。無理やり体内のものを排泄して、体重を減らそうという考えらしかった。

たぶんママとしては、便秘を治すことよりも、ダイエットにさらなるブーストをかけることを期待して下剤を渡してきたんだと思う。

それでよかった。体調のことも少しは心配して欲しい、なんてことは全然思わない。私も同じ気持ちだったからだ。その日から毎日、私は下剤を飲むようになった。

効果はすぐに出た。減り止まっていた体重が、また少しずつ落ちるようになっていったのだ。この調子でいけば、まだ痩せられる。もっと、もっと、もっと。気付けば1日1錠だった下剤が2錠、10錠、30錠と日を増すごとに増えていった。内臓が荒れまくって、トイレから出られないような日もあったけど、ユナちゃんに追いつくためならと思いなんとか耐えた。

ちなみに私は、そのあと何年間にもわたってこの下剤を飲み続けることになる。適度な摂取量なんてとうに超えていて、地獄の苦しみを何度も味わった。そのことについては、またあとで書こうと思う。

夏休みが終わるころには、私は誰がどう見てもガリガリに痩せていた。体重は36、7キロくらいになっていたはずで、夏休みの期間だけでおよそ10キロ落とせた計算になる。基準とされていたユナちゃんと同じ体重だ。

この当時、私はなんでそんなに頑張ることができたんだろう。今でもたまに思い出して、不思議に感じることがある。

「努力」とか「根性」みたいなのとはちょっと違う。たぶんこの時の私は、せっかく掴んだチャンスに「執着」していたのだ。

勉強もスポーツもできない、醜い私。そんな自分を変えるために、やっと掴んだチャンスだった。オーディションでグランプリを獲ったときに初めて、ちょっとだけ周りに認めてもらえた気がした。家族が喜んでくれた。こんな機会を、みすみす逃すわけにはいかないと思った。

「すごいじゃんアイちゃん！　天才だよ！」

そう言ってくれたママの声が、忘れられなかった。その嬉しさに、達成感に、私は取り憑かれていたんだ。

CDデビュー

夏休み明け、またユナちゃんと2人で社長に呼び出されて面談があった。ここまで本当にしんどかった。自分の努力が、ようやく報われる瞬間だった。

ドキドキしながら、社長室の扉を開ける。

――あなたの言う通りに痩せてきましたよ。これで文句はないですよね？

前の面談のときよりも、しっかりと胸を張って社長の前に立つことができた。

上から下まで舐めるように私たちのことを観察したあと、社長はゆっくりと口を開いた。

「おめでとう。ＣＤデビューが決まりました」

やった。ついにやった。ママの嬉しそうな顔が、真っ先に浮かんだ。１秒でも早く報告したかった。私のデビューを、どれだけ喜んでくれるだろうか。どんな言葉をかけてくれるだろうか。

ひと呼吸おいて、社長が続ける。

「ただし、デビューするのはユナちゃんだけです」

「……え？」

上手く言葉が出なかった。この人は一体何を言っているのだろうか。

「ＣＤデビューをするのは、ユナちゃんだけ。アイカちゃんは、また別の仕事を頑張ってね」

どうやら聞き間違いではないらしい。全身の力が抜けて、いまにも膝から崩れ落ちそうだった。

「頑張ります！　ありがとうございます！」

ユナちゃんは元気に一礼をして、とっとと部屋を出て行ってしまった。取り残された私を見て、社長は怪訝そうな顔をしている。

「どうしたの？　まだ何かある？」

「……でも」

「何？　聞こえない」

「痩せたら、私もデビューできるって……」

ここで食い下がったって、どうにもならないことなんてわかっていた。……でも。そうだとしても、さすがにこんな仕打ちはないいんじゃないか。怒りなのか悲しみなのか、よくわかんない気持ちで私は涙を押し殺していた。

「デビュー？　そんなこと言ったかしら」

社長がはじめからこうするつもりだったのかどうかはわからない。ただ今わかっているのは、私がこの人のお眼鏡に適わなかったという事実だけだった。

結局、最後は顔なのだ。どれだけ痩せても、整形をしても、天然美人のユナちゃんと私の間には、絶対に越えられない壁があるんだと思った。

「……いや、なんでもないです。失礼しました」

血が出るくらい拳をぎゅっと握り締めながら、私は部屋を出た。


私の報告を聞いて、ママはとてもがっかりした様子だった。それ以上に、強く失望しているようにさえ見えた。

——アイちゃんが可愛くないからだよ。

いつかママが私に言った言葉が、頭のなかで呪いみたいに鳴り響いた。この子は結局、何もできない馬鹿だったんだ。きっとそう思われているに違いない。


このとき、私の心は折れていたか？　いや、むしろ逆だった。この屈辱を絶対に晴らしたい。そう思って、燃えていた。

スクールに通うのは、1年間だけだ。学期の最後には、生徒たちの成績がはっきりと数字になって表れる。私はそこでユナちゃんに勝って、何が何でも一番を獲るんだと強く心に誓った。

私は、絶対にこの世界で生きていくしかなかった。学校には、自分の居場所なんてとっくになかったから。

自分の価値

2学期のはじめ、教室の空気はまだ夏休みの感じを引きずっていて、どこか浮ついた感じが残っている。バレないように髪を染めたり、明らかにグレていたり、見た目がガラッと変わっている子も多い。

そんななかでも、病的なほどガリガリに痩せた私は、やっぱり悪目立ちしてしまった。

何かの病気になったんだよ。いや、脂肪吸引したのかも。そっか、アイカは売春してるから見た目が命だもんね。あはは。——相変わらずつまらない噂は絶えないし、私もどこかそれに慣れてきていた。

無理な食事制限も、下剤のがぶ飲みも、変わらずに続けた。何も食べたくないし、食べて、少しでも体重が増えるのが怖い。いま思えば、立派な拒食症だった。

給食の時間は本当に苦痛だった。目の前に食べ物が並んでいるだけで、とんでもないストレスを感じた。

「どうしたの？　食べたくないの？」

担任の先生が、心配して声をかけてくれる。

「食べたくないっていうか……食べるのが怖いです」

周りから見れば、完全に様子がおかしい生徒だったことだろう。

「じゃあ、せめて牛乳だけでも飲みなさい」

しつこく説得されて、仕方なく牛乳を流し込むという毎日だった。

「ウチの子、何か食べてないですか？　食べようとしても、絶対に止めるようにしてください！」

学校側には、ママから毎日のように連絡が入っていた。先生たちが心配に思うのも当たり前だ。その心づかいは、本当にありがたかった。大袈裟でもなんでもなくて、この時の牛乳がなければ私は今ごろ死んでいたと思う。

学校での孤立も極限までいききって、私はますます芸能の方に打ち込むようになった。

自分にはこれ以外、認めてもらう方法がない——。スクールにいるときの方が圧倒的に自然に振る舞えたし、実際居心地もよかった。

レッスンもそれまで以上に力を入れたし、ユナちゃんがアイドルの仕事で忙しくなったことで、それまでユナちゃんがやっていたモデル系の仕事が私に降ってくるようになった。雑誌の撮影、テレビCM、バックダンサー。オーディションもたくさん受けたし、とにかくなんでもやった。

「アイカ、最近頑張ってるじゃん」

しんどいダイエットが成功してから、スクールの大人たちも段々私のことを認めてくれるようになった。痩せてさせいれば、可愛くない私にも少しだけ価値が生まれるんだ。頑張って痩せて本当によかったと、心から思った。

みんなのお手本

スクールには、ひっきりなしに新しい女の子たちが入学してくる。私のように雑誌の企画でグランプリを獲った子もいれば、自分で希望して入ってきた子や、親に無理やり通わされてるような子もいた。

スクールに入学するとすぐ、新入生に向けたオリエンテーションが開かれる。私のときもそうだったけど、オリエンテーションでは皆のお手本になるような先輩がひとり壇上に上げられることになっていた。

「彼女はウチの自慢の学生です！」

「スクールに入れば、こんなに可愛くなれます！」

「だからあなたも頑張りましょう！」

こんな調子で、学校の魅力をこれでもかとプレゼンするためだ。

「ご覧ください、こちらが彼女の昔の写真です！　彼女がどれだけ努力をして自己プロデュースを頑張ったか、おわかりでしょうか！」

当時は「へー、すごい」とか思いながらなんとなく見てたけど、いま思えば結構むごいことをしていると思う。

醜いことは悪。太っていることは悪。白くて細くて、可愛い女の子になりましょう。まだ子どもみたいな女の子たちにとって、そういう思想を入学するなり毎日のように叩き込まれるのは、かなり酷なことだ。

そんな「お手本の先輩」の役目を、あるときから私が務めるようになった。

頑張って痩せて、可愛くなって、たくさん仕事を取ってきたお手本の先輩。新入生たちが、憧れの目で私のことを見ているのがわかった。

悪い気はしなかったし、それがモチベーションにもなってさらにストイックに自分を追い込んでいった。当然、「昔の自分に戻るわけにはいかない」っていうプレッシャーもあった。


すごいスピードで、スクールの1年間は過ぎていった。こんなにがむしゃらに何かに打ち込んだのは、初めての経験だった。

卒業のタイミングで、スクール生の公開オーディションが開かれる。ドラフト会議みたいな感じで、色々な事務所の担当者がやってきて「この子がウチに欲しい」と手を挙げるのだ。このオーディションの成績が、言ってみればスクールで頑張った1年間の総決算的なものになる。

ここでユナちゃんに勝てないと、すべてが終わる。

その思いだけで、私はここまで頑張ってくることができた。

「◯◯社の指名は……エントリーナンバー△番、□□さんです！」

各々のアピールタイムが終わった後には、こんな感じで各社の指名が発表される。良いと思えばたくさん声がかかるし、逆なら声はかからない。シンプルな話だ。

昔テレビか何かで見た、海外のオークションの映像が頭に浮かんだ。お金持ちにどんどん買われていく、よくわからない絵画や骨とう品たち。考えてみれば、私も似たようなものだ。「商品」として価値を高めるために、整形もたし限界まで痩せた。あとは、値札が付けられるのを待つだけだった。

最も多く指名を勝ち取ったのは、私だった。

勝った。ユナちゃんに勝ったんだ。心の底から嬉しかった。

私は、とある芸能事務所に所属することになった。これで正式に「あなたが必要です」と認められたってことだし、ママだって絶対に喜んでくれるはずだ。これからは「事務所の仕事があるから」と言えば、行きたくない学校も今までより休みやすくなるだろう。

これでようやく地獄の日々から抜け出せるんだ。

そう思うと、自然と涙が出た。

自問自答

私が馬鹿だった。
地獄の日々は終わらなかった。

考えてみれば、当たり前だ。

「今日からあなたはプロのモデルです！　努力しなくても勝手に仕事が入ってきます！」

なんてうまい話はない。努力の量も感じるプレッシャーも、むしろ増え続ける一方だった。いくら芸能事務所に入ったからって、あくまで私はただの中学2年生だ。

仕事の種類も、大きく変わった。私が入ったのは、モデルというより役者業に力を入れているような事務所で、特にアクション系の映画や舞台の仕事はかなり苦労した。殺陣やらアクロバットやら、苦手な運動を徹底的に叩きこまれる日々が始まった。

例の食事制限も続いていた。仕事で出してもらった豪華なお弁当なんて、もちろん食べられない。私が食べていいのは、相変わらずこんにゃくだけだった。

はっきり言って、私はもう燃え尽きていた。死ぬほど努力して、やっとユナちゃんに勝って。でも、いざその目標を達成したら、その次は？　そこまでは何も考えていなかった。

——そもそも、私はどうして芸能の道に進もうと思ったんだろう？

周りのみんなに、ママに、何もできない自分のことを認めてもらうためだ。

——ママは今の私を認めてくれているのだろうか？

たぶん、ある程度認めてくれてるとは思う。ママはもちろん、家族みんなで私のことを応援してくれているし、親戚中で私はちょっとしたスター扱いだった。

——それなら、この苦しい毎日はいつまで続くの？

……いつまで？　考えるだけでゾッとした。自分の価値を証明するために、私は死ぬまで大してやりたくもない仕事を続けなくちゃならないんだろうか？

終わりのない自問自答が、毎日のように続いた。

甘辛い匂い

その日も、仕事が終わっていつものように家に帰った。家のなかは、夕飯の準備で慌ただしい。醤油なのか何なのかわからないけど、何かをコトコトと煮込む甘辛い匂いが鼻をついた。そんな料理、もうどれだけ食べてないだろう。

「ほら、アイちゃんも食器運ぶの手伝って」

帰ってきたならボサッとしないの、とブツブツ小言を言うママの声が遠くに聞こえる。

私が運ぶお茶碗は、3つ。ママと、まーくんと、妹の分。おかずのお皿も、コップも、もちろん3つだけだ。

「……私の分は？」

気付いたら、そう口に出していた。

「さっき体重はかったら増えてたでしょ？　今日は夕飯なしだよ」

ママの返事。その通りだ。何も間違っていない。たった数グラムでも体重が増えていたら、私の夕飯は抜き。私たちはずっとそのルールでやってきた。

「そうだよね、ごめん……」

「急に何言い出してんのよ」

ママは私が冗談を言ったと思ったのか、乾いた笑い声を漏らしている。そうだ、「ご飯を食べたい」というのが冗談に聞こえるくらい、私の夕食が抜きになるのは当たり前のことなのだ。

——当たり前？　どうして？　どうして私だけが……？

そこに疑問を持つべきじゃなかったのかもしれない。仕方ないことだと割り切って、黙って外に走りに行けばよかったのかもしれない。でも、もう止められなかった。

——どう考えても狂ってる。こんなに頑張ってんのに、私が一番努力してるのに、ご飯も食べさせてもらえないなんて意味がわからない。

ママの言動にも、それに言い返せない自分にも腹が立った。

「わかったから、早くこれ運んじゃって」

煮物が入ったお皿が、無理やり手渡された。私以外の3人がこれから食べるであろう、美味しそうな煮物が入ったお皿だ。

頭の中で、何かがぷつんと切れる音がした。私はそのお皿を、思いっきり床に投げつけた。大きな音がして、お皿の破片と煮物が部屋中に散らばった。

「あんた何してんの！」

すかさずママの怒鳴り声が響いた。驚いた妹が、部屋の隅っこでわんわん泣いている。

「頭おかしいんじゃないの？」

おかしい？　おかしいのはそっちじゃないの？　本当に私が？

何も考えられなくなって、逃げるように家の外に飛び出した。このままでは自分がどうにかなってしまいそうだ。とにかく今は、落ち着いて頭を冷やすべきだと思った。

おにぎりの味

いつもみたいにストイックに走り込む気持ちにはなれなくて、夜の街をあてもなくウロウロと歩き回った。さっきの出来事が、頭にこびりついて離れない。これ以上ひとりで悩み続けていても、たぶん考えはまとまらないだろう。誰かに話を聞いて欲しくて、私はレイナちゃんに連絡した。

レイナちゃんは、今日みたいに走るのがしんどいとき、たまに私の散歩に付き合ってくれる友達だった。2人で歩きながら、私の愚痴や相談に何度も付き合ってくれた。ちょっとくらい食べた方がいいよ、とこっそり食べ物をくれたり、「もう全部嫌だ」と癇癪をおこして歩道橋から飛び降りようとする私を、必死に止めてくれたこともあった。

「元気ないじゃん。何かあった?」

その日も、レイナちゃんはいつもみたいに優しく話を聞いてくれた。私は吐き出すように、ありったけのことをレイナちゃんに話した。

「そっか、大変だったね」

ひと通り話し終えてスッキリすると、レイナちゃんは私の肩をぽん、と叩いた。

「うん。聞いてくれてありがとう」

「全然いいよ。たくさん喋って疲れたでしょ? コンビニで飲み物買お」

そうだね、と小さく答えて私たちはコンビニに入った。

「えー、どれにしようか？」

お弁当、ホットスナック、色とりどりのお菓子。飲み物を買うつもりが、私とは縁のない美味しそうな食べ物たちが次々と目に入ってきた。美味しそう。久しぶりに、お腹いっぱい食べてみたい。

そんなことを、漠然と思ったところまでは覚えている。

——次に意識が戻った瞬間、私はコンビニの駐車場でむさぼるようにおにぎりを食べていた。レイナちゃんと数人の大人が、心配そうな、怯えるような目でこちらを見ている。自分が何をしているのか、自分でもよく分からなかった。

「あの……。その商品、まだレジ通してませんよね？」

大人のうちのひとりが話しかけてきた。……ああ、コンビニの店員さんだ。

ぼんやり視界が戻ってくると制服が見えて、ようやくそう気付いた。

久しぶりに食べたまともなご飯の味を噛みしめながら、おぼろげな記憶をどうにか辿ってみる。たしかに、レジでお金を払った記憶なんて全くなかった。

「とにかく、警察を呼んで話を聞いてもらいますから」

警察……？　あーそっか。私、たぶん無意識のうちにおにぎりを盗っちゃったんだ。万引きで捕まるんだ。極限状態すぎて全然覚えてなかったけど、状況から察するにそういうことなんだと思った。

後悔も、驚きもなかった。何も考えられなかった。


「アイカ急に悲鳴上げてさ、おにぎり盗って外に走って行っちゃったからびっくりしたよ」

警察を待つ間、レイナちゃんが事情を説明してくれた。

「ごめん、よく覚えてなくて。多分衝動的にやっちゃったんだと思う」

回らない頭でどうにか謝って、とりあえずレイナちゃんには帰ってもらった。これからどうなるんだろう。万引きがどれだけの罪になるのか、中学生の私には全く想像できなかった。

――まあでも、別にどうなってもいいか。

目標も失って何のやる気もなかった私は、どこかそういう気持ちでもあった。

すぐに警察のおじさんが来て、近くの交番でひとまず話を聞きましょうということになった。意外だったのは、万引きに対してそんなに怒られなかったことだ。

むしろおじさんは、私のことを心配してくれているようにも思えた。夜遅くにコンビニのおにぎりを万引きした、ガリガリの女の子。まあ確かに、見るからにワケありって感じだったんだろう。

「どうしたの、なんでおにぎり盗っちゃったの？」

「ずっとご飯食べてなくて」

「でもお金は払わないと」

「お金も持ってません」

「だったら家で食べたら……」

「家に帰っても、ご飯がないんです！」

つい、強い口調で返してしまった。家に帰っても、何も食べさせてもらえないんです。信じられないかもしれないけど、本当なんです。私には、そう繰り返すことしかできなかった。

「そうか……じゃあ、ちょっとそこで待ってて」

おじさんは一度控え室みたいなところに引っ込んで、何かを取ってきてくれた。

「とりあえず、これ食べて落ち着きなさい」

手渡されたものを見ると、『あんこ玉』という和菓子だった。

「え、これ……」

「いいから。食べなさい」


食べ物を食べて泣いたのは、初めての経験だった。今までのストレスや、優しくしてくれた警察のおじさんへの感謝、そして久しぶりに食べた甘いお菓子の美味しさ。色んな感情がぐちゃぐちゃになって溢れ出した。嗚咽して、喉を詰まらせながら夢中で食べた。世の中にはこんなにおいしい食べ物があるのかと思った。

あんこ玉を食べ終わって少し落ち着くと、改まった様子で再びおじさんが口を開いた。

「親御さんを呼んで、話を聞くから。連絡先はわかるね？」

数分後、交番にママが現われた。イライラして、怪訝そうな顔をしている。少なくとも、私を心配しているようには見えなかった。

「お母さん、ひとまず座ってください。何が起きたかは、電話でお話した通りです」

「はい、全部伺いました」

「まず万引きは、許される行為ではありません。お母さんからも注意をしてあげてください。それから……」

「すみません、帰ってきつく言っておきますので。それではお世話おかけしました」

そそくさと帰ろうとするママを、おじさんが引き留めた。

「ちょっと待って。まだ話は終わっていません」

それから、どれくらい時間が経っただろうか。おじさんは、ママに対して説教をしていた。この子はまだ幼い。見た目が気になる年ごろなのはわかる。だけど、最低限は食べさせてあげてください。そんな話を、厳しくも丁寧に伝えてくれた。

表面上は大人しく謝ってる感じだったけど、ママが全然話を聞いていないのは顔を見ればわかった。

「はい……でも、ウチの子は芸能の仕事をしてますんで」

おじさんがどれだけ説得しても、最終的にはその一点張りで譲らなかった。

――私、何やってんだろ。

そんなことを思いながら、私は２人の不毛なやり取りをぼーっと見つめていた。

暴飲暴食

万引きの一件以来、私のなかの緊張の糸は完全に切れてしまった。

中学2年生の途中から、私は隠れて暴飲暴食を繰り返すようになった。

「いってきます」

朝、学校に行くふりをして家を出ると、そのまま前のパパが住む家に向かった。そのときもまだ定期的に、ママと2人でこの家には顔を出していた。前のパパは仕事に、お兄ちゃんたちは学校に行っているから、当然この時間帯は誰もいない。

キッチンを漁って、目についたものを片っ端から食べた。スナック菓子、カップラーメン、見たことのない冷凍食品。どれも信じられないくらい美味しく感じた。

食に興味がなく、ろくに何も食べてこなかったそれまでの私の人生からしたら、考えられないことだった。いや、そういう生活をずっと送ってきたからこそ、その反動で食への執着心が急激に芽生えたのかもしれない。その頃はまだ過食症とか拒食症っていう言葉も知らないから、自分は完全におかしくなってしまったんだと思った。

食べないよりはずっと良い。それまでに比べたら、むしろ健康的だ。

そう思う人もいるかもしれない。でもこのときの私は、「好きなだけ食べられて幸せだ」なんてこれっぽっちも思っていなかった。

太るのは嫌だ。食べたくない。ベースには、この考えが変わらずにあった。こんなことをしていいはずがないということは、頭ではわかっていた。それでも、食べ物に伸ばす手が止まらないのだ。

しかもその量も、尋常ではなかった。朝から夕方までぶっ通しで食べ続けて、下校時間になったら何事もなかったかのように家に帰るという生活が続いた。人によって違うと思うけど、私にとってこの過食の時期は、拒食よりも圧倒的に辛かった。理由は、これが「吐けない過食」だったからだ。

どれだけ食べても、最後に吐いちゃえばある程度はリセットできるだろう。最初はそう思っていた。でも、スカートが締まらないほどパンパンに食べていざトイレに向かっても、私はどうしても胃の中のものを吐き出すことができなかった。まだ吐き方がよくわかっていなかったのだ。

パパの家に食べ物がないときは、ウソをついてママからもらったお金で食べ放題のお店にも通った。安くて大量に食べられれば、なんでもよかった。たとえばケーキであれば、2、30個は平気でお腹のなかに収まった。

30キロ台まで絞った体重は、気付けば50キロくらいにまでリバウンドしていた。当然体重が増えるにしたがって、芸能の仕事はみるみる減っていった。

そんなことをしていて、ママにバレないわけがない。この時期は散々ひどいことも言われたし、パパの家も出禁になった。だけど、あまりのショックと急激な生活の変化のせいか、この頃の記憶はかなりおぼろげだ。

とにかくたくさん泣いて、たくさん食べた。そんな、漠然としたことしか今はもう覚えていない。

03.

お酒とタバコと／高校生活

普通の高校生

全てに対してやる気をなくしたまま、私は中学校を卒業した。事務所とは書類で正式な契約を結んでいたわけではなかったし、連絡を取らなくなって徐々に疎遠になっていった。

埼玉から東京の池袋にある通信制高校に通うことになった私は、すごくスッキリした気分だった。芸能のことも、自分の見た目のことも、全く気にしなくなった。これでようやく、色々な呪縛から解放されることができたのだ。心も身体も満足したのか、1年くらい続いた過食も落ち着いていた。

そんな解放感がそうさせたのか、私は高校に入ってからわずか数カ月で、なんと家出をすることになる。

実家から学校へは、電車に乗って通った。毎日同じ車両に乗って、同じ駅で降りる。自分が「普通の高校生」になれたみたいで、そんな些細なことでもなんだか嬉しかった。

ある日、改札を出るところで男の人に声をかけられた。

「お姉さん、ちょっといいですか？」

見覚えのある顔だった。毎朝、私が乗るのと同じ車両に乗っている人だ。たぶん、このあたりの大学生か何かだろう。

「僕、大学のサークルでイベント主催してて。もしよかったら、今度遊びに来ませんか？」

やっぱりそうだ。面倒なことには巻き込まれたくなかったからとりあえず名刺だけ適当に受け取って、話は無視して学校に向かった。その日は、それで終わりだった。


そんな出来事も忘れかけていた頃、友達からある質問をされた。

「アイカ、ヒロくんと知り合いなの？」

この人だよ、と見せられた写真を確認すると、この間私に声をかけてきた大学生と同一人物だった。

「あ、この人。知り合いっていうか、この前駅で声かけられただけだよ」

「やっぱり！　ヒロくんがこの前〝駅でＪＫに声かけた〟みたいなツイートし

てさ、よく読んでみたらアイカっぽいなって思ったんだよ」

「友達なの?」

「うん。私ダンスやってるから、たまにイベント出て手伝ったりしてるんだよね。アイカもダンスやってたんでしょ? 別に怖い人じゃないし、今度一緒に遊びに行こうよ」

正直そんなに乗り気ではなかったけど、興味本位で顔を出してみることにした。私はもう、自由の身だ。一度くらいこういう遊びを経験しておくのも、悪くないだろうと思った。

お台場

「あ、来た来た。アイカちゃんこっち!」

呼び出されたのは、都内にある狭いライブハウスみたいなところだった。爆音で音楽がかかっていて、あちこちで酔っ払ってはしゃぐ大学生たちの声が聞こえる。

ヒロくんはどうやらサークルの代表みたいで、席の真ん中にドカッと座って仲間と楽しそうに話をしていた。

「ここ、空いてるから座って」

そう案内されて、私はヒロくんの隣に座った。

ヒロくんは、最初から私に気がある感じだった。次のイベントで踊って欲しいとか、今度2人で遊びに行こうとか、ガンガン私のことを誘ってきた。

その後も何度か会ううちにある程度は仲良くはなったけど、2人で遊びに行くことだけはできなかった。当時、私には彼氏がいたのだ。mixiで知り合った男の子で、遠距離恋愛だったけど、彼のことは本気で好きだった。その彼のことを裏切りたくなくて、私は頑なにヒロくんの誘いを断り続けた。

「アイカちゃん、今度お台場行こうよ。2人きりじゃなくて他の友達も何人か来るからさ。それなら、彼氏も怒らないでしょ?」

私の事情を知ったヒロくんは、ある時そう言って誘ってきた。別にヒロくんのことを人間として嫌っていたわけではないし、それなら行ってもいいかな、と思った。いや、思ってしまった。今思えば、それが間違いだった。

当日待ち合わせ場所に行って、ハメられたと気づいた。他の友達なんて誰も来てなくて、そこにいたのはヒロくんひとりだけだった。

「え、誰も来ないの？」

答えはわかってたけど、一応聞いてみた。すると案の定ヒロくんは、

「まあ、いいじゃん。せっかく来たんだし、2人で楽しもうよ」

とか曖昧なことを言って強引に私を連れて行こうとした。思った通りだ。信じた私が馬鹿だった。

「2人では遊ばないって言ったじゃん。私、今日は帰るね」

そう言って私が立ち去ろうとした瞬間、ヒロくんの表情がほんの一瞬だけ変わるのがわかった。初めて見る表情だ。

――黙って言うこと聞けよ。お前ごときが俺の誘いを偉そうに断るわけ？

もちろん実際に口に出したわけじゃない。それでも、ヒロくんの表情は明らかにそう言っていた。その顔はすぐに元に戻ったけど、高校生になりたての私に言うことを聞かせるには、それで十分すぎるくらいだった。

「ちょっとさ、携帯貸してくれない？」

さっきよりも少し冷たいトーンで、ヒロくんの命令が飛んできた。断ったら、

なにをされるかわからない。私は素直に従った。

ヒロくんは私の携帯を使って、ぽちぽちと文字を打ち込んだ。どうやら誰かにメールを打っているようだ。嫌な予感がした。

「はい」

少し時間が経って、ようやく携帯が手元に戻ってきた。急いで送信フォルダを確認すると、思った通り私の彼氏宛にメッセージを送信した履歴があった。

〝他に好きな人ができたから、別れよう。バイバイ〟

メールにはそう書いてあった。

「よし、それで彼との付き合いは終わり。アイカは今日から俺の彼女ね」

ヒロくんの言葉に、こちらが反論する余地は一切残されていなかった。

平和を取り戻したかに思えた私の生活は、この日からまた一瞬で崩れていくことになる。

DV男

ヒロくんはとんでもないDV男だった。
耳をライターで炙られた。お酒の瓶で頭を殴られた。人格を否定するような
ひどい言葉をたくさんかけられた。そしてその後は、信じられないくらい優し
くしてくれた。典型的なDV男だ。私は見事にヒロくんにハマっていったし、
そしてヒロくんも完全に私に依存していた。これもまた、恥ずかしいくらいに
テンプレ通りだった。
この頃のエピソードはたくさんあるけど、特によく覚えているのが「タバコ
事件」だ。

埼玉にある地元の駅から、一緒に電車に乗って池袋まで行ったときのことだ。
池袋で降りてすぐ、ヒロくんがイライラしだしたのがわかった。上着とかズボ
ンのポケットを、ゴソゴソと探っている。
「どうしたの？」

私が聞くとヒロくんは、
「電車乗る前、喫煙所行ったでしょ？　俺そこにタバコ忘れてきたかも」
と言った。私はまだ高校生だし、タバコは吸わない。私にそれを言われても
どうしようもなかった。
「そうなんだ。じゃあコンビニ寄る？」
一応そう聞いてみたけど、たぶんヒロくんが求めているのはそういう言葉で
はなかった。
「は？　いやいや、なんでそうなんの？　ていうか、アイカ俺のタバコ持って
ないの？」
ヒロくんのイライラはヒートアップしてくる。でもそんなこと言われたって、
未成年の私がタバコなんか持ち歩いているわけがない。
「いや、持ってない……」
ヒロくんの表情が豹変する。初めて2人きりで会ったお台場で一瞬だけ見せ
た、あの顔だった。次の瞬間、ヒロくんの大声が池袋駅前に響き渡った。
「なにやってんだよクソ！　大体お前さ、なんで俺が忘れ物してないかいちい
ち確認もできないわけ？」

むちゃくちゃだ。驚いてこちらを見る周りの視線が痛い。一気に顔が赤くなって、身体中から嫌な汗が吹き出すのがわかった。

「なに突っ立ってんだよ！　駅まで戻って取りに行ってこい！」

「わかった、わかったから。ごめんね。すぐ行ってくる！」

私は逃げるようにその場を立ち去って、もう一回池袋から電車に乗って地元の駅まで戻った。


当然、タバコなんて見つかるわけがなかった。

わざわざ地元に戻って喫煙所を探し回りながら、私は途方に暮れていた。早く見つけて帰らないと。でも、たぶんもうこの喫煙所には落ちていないだろう。誰かが持っていったのかもしれない。コンビニで買って行こうか？　いや、高校生にタバコなんて売ってくれるわけがない。どうしよう。どうしよう。こうしてる間にも、ヒロくんはまたどんどん怒ってしまう。私が使えないばっかりに……。


たぶんDV男にハマった経験がない人からすると、この時の私の気持ちはとても理解できないだろう。私は本気で、ヒロくんのためを思って見つかるはずもないタバコを探していた。理不尽なことを言われている感覚は全くなくて、むしろ怒りや焦りの矛先は自分自身に向いていた。こうなったのも全部、気が利かない私のせい。またヒロくんを困らせてしまった。無意識にそう思ってしまうほど、私のなかでヒロくんの存在は絶対的なものになっていたのだ。

「アイカのことついつい怒っちゃうのは、それだけアイカのことが好きだからだよ。キツく言ってごめんね。俺だけはずっと味方だから」

散々私のことを蹴って殴って罵ったあと、ヒロくんはいつもそうやって優しい言葉をかけてくれた。その通りだと思った。たしかに、ここまで私のことを考えて叱ってくれる人なんて、他にいない。もっともっと私のことを見て欲しかったし、そのためにヒロくんのことを完璧に満足させてあげられるようになりたいと思った。

たぶんこれは、私が小さい頃ママに対して抱いていた感情にすごく似ている。ずっとひとりぼっちだった私は、誰かにとっての特別な存在になりたくて仕方がなかったんだ。

家出

ヒロくんやその周りの友達とばかり過ごすようになった私は、高校にも行かず、家にも帰らなくなった。完全な家出状態だ。

ママとも、もちろんまーくんとも、連絡すら一切取らない。色んな人の家を泊まり歩いて、寝る場所がないときは「ここは年齢確認されないから」とヒロくんが教えてくれた池袋のマンガ喫茶に泊まるという生活を続けていた。

無茶苦茶な日々ではあったけど、とにかく自由すぎて、楽しいという感情の方が強かった。

最初は知らなかったけど、どうやら友達周りでヒロくんは「ヤバい奴」としてかなり有名な存在みたいだった。そのヒロくんの彼女ってことで、私までちょっとした有名人になり始めてしまっていて、

「ホントにヒロと付き合ってんの?」

「よく相手できるね」

みたいな感じで色んな人にどんどん話しかけられた。

ヒロくんとは基本的に池袋にいたけど、そんなこんなで別の繋がりもできてきた私は、渋谷の方にもちょっとずつ遊びに行くようになった。

当時渋谷では、社会に居場所がない子たちがたくさん集まって独自のコミュニティを作っていて、彼らは「渋メン」と呼ばれていた。そして気付いたら私も、その一員みたいになっていた。たぶん今で言う、新宿の「トー横界隈」に集まっている子たちみたいな感じだと思う。

そういう場所に集まってくる子たちは、みんな似た者同士だ。

私みたいに家庭に居場所がない人や、学校に行けなくなってしまった人、外で悪い遊びを覚えて適当にフラフラしている人……。理由や目的は違うにしても、なんとなく全体的にはみんな仲間だという雰囲気があった。結構居心地も良くて、それなりに楽しくやっていたような記憶がある。

ただ、だからと言って「みんな仲良く平和に遊ぼう」という感じでもなかった。どんなに似た者同士でも、人が数人集まればそこにカーストは生まれてしまう。結局、学校のクラスと何も変わらないのだ。

渋メンの中でもよくわからない独自ルールやめんどくさい人間関係のもつれは日常茶飯事で、そこに順応できなかった子たちは容赦なく弾かれていじめの対象になった。

今でも覚えているのは、私たちのグループに一斉送信されてきたある女の子の写真だ。その子はお酒を飲まされたのか何なのか、とにかく風呂場に大の字になって倒れていて、アソコにはお酒の瓶が突っ込まれていた。

私はあんまり揉め事を起こすタイプじゃないからそんな目には遭わなかったけど、普通に暴行したり髪の毛を剃ったり、なかなかハードなことが毎日のように行われていた。

みんな若いし失うものもないから、ちょっと頭のネジが外れちゃってる感じだったんだと思う。

「親がクソだから、自分たちだって何をやってもいい。こうなったのは親のせいだ」

中にはこういうことを言う友達もいた。気持ちは分からなくもないけど、私はその考えにだけはあまり賛同できなかった。

どんなにヤバい親のもとでも、普通に育っている子はいる。私がこうして渋谷にいるのは、あくまで自分がそうしたいと思ったからだ。だから「すべて親のせいにして好き勝手に暴れたい」みたいな願望は特に湧かなくて、私の考えはもっとシンプルだった。

家にいても居場所がないから、同じような仲間が居るここまで逃げてきた。ただ、それだけだ。

JKリフレ

毎日遊び歩いてマンガ喫茶にも泊まっているわけだから、当然お金が必要になる。親に頼れない私は必然的に、自分で生活費を稼ぐしかなかった。

最初に始めたのは、メイド喫茶のバイトだった。オムライスに絵を描いて「萌え萌えきゅん」とか言う、アレだ。

居酒屋でもコンビニでも、いくらでも選択肢があるなかで、メイド喫茶を選んだのには理由があった。

ここまで何度も書いてきた通り、私は他人と上手く付き合ったり、自分を表現したりするのが得意ではない。ただ、それを「演じる」となれば話は別だ。

ご主人様と、それに仕えるメイド。そういう枠組みがあった上で自分の役割を演じるというのは、むしろ得意な方だった。

自分の殻に篭り、「他人からどう見られているのか？」ということばかり気にして生きてきた私だからこそ、身につけることができた能力だと思う。思えば最初にモデルの仕事に興味を持ったのも、そういう動機があったからかもしれない。

おまけに制服も可愛くて、承認欲求も程よく満たしてくれるメイド喫茶という仕事は、私にとってかなり魅力的に思えた。

とはいえお店の給料は安かったし、Twitterが炎上したりしてメイド喫茶はすぐに辞めることになってしまった。そこで手を出したのが、いわゆる「ＪＫリフレ」だった。

外で客引きをして、釣れたらお店に連れて行って個室で話をしたりマッサージをしたりして過ごす。これが基本的なJKリフレの流れだ。まあ、もちろんそれは建前でしかなくて、実際は女の子がそれぞれ自分でオプションを付けてそこで稼ぐというのが一般的だと思う。

60分ハグし放題5000円。スリーパーホールドで5000円。顔面を踏みつけて5000円。なぜかMのお客さんが多くて、私のオプションメニューは大体そんな感じだった。

お店は結構健全な感じで、「捕まっちゃうからエロいことはNG」と教わっていたから性的なサービスはしないようにしていた。

何でこんなことにお金を払えるんだろう？ そんな疑問も湧いてきたけど、とにかく生きていくためには仕方がないと割り切って、私は適当に色々なおじさんの首を絞めたり顔を踏んだりしてお金を稼いでいた。

そういう雑な接客態度がバレ始めたのか、少し経ってから私は掲示板でめちゃくちゃ叩かれるようになった。店長が見せてくれたページを見てみると、私はどうやら〝鬼地雷のリン（私のお店での名前）〟と呼ばれているらしい。

「120分コースで入ったのに100分で切られた」

「時間がおかしいと言ったら逆ギレされて料金だけ取られた」

「マッサージもしないし、何も喋らない。そもそも接客する気がない」

書かれていることはほとんど事実だった。正直、見ず知らずの人といきなり個室に入ってサービスをするという行為が、耐えられないほど気持ち悪かったのだ。

ここまで精神的にキツい仕事とは思っていなかったし、掲示板にネチネチと書き込みをするおじさんたちの異常さにも寒気がした。

このまま続けていくのはしんどいかもなー。そう思い始めていたある日、いきなりお店に警察が乗り込んできた。

「はい、そのまま動かないで。店長さんどこ?」

よくテレビとかで違法なお店を摘発するドキュメンタリーが放送されるけど、まさにあんな感じだ。私たちお店の女の子もお客さんも、とりあえず全員警察署まで連れて行かれてそのまま事情聴取を受けた。

「今回の件であなたを逮捕することはないけど、ああいうお店は違法だから。

今後一切出入りしないように。わかった？」

店長とかがどうなったのかは知らないけど、ひとまず私は注意だけ受けてすぐに解放された。どうやら大事にはならなかったみたいだけど、さすがにお店の方は営業できなくなるだろう。

次の働き先として、私はリフレの系列店で秋葉原にあるJKガールズバーに移籍することにした。

ヒロくんとの別れ

JKリフレで働いている間も、私とヒロくんの交際は続いていた。交際が続いていたということは、相変わらず激しい束縛やDVも続いていたということだ。

見事に洗脳された私はなんとか耐えていたけど、さすがにDVの内容もどんどんエスカレートしてきていて、そろそろいつ限界を迎えてもおかしくないという状態だった。

そんなヒロくんとの生活は、突然終わりを迎えることになる。

その日私は、例のオーディションで知り合った友達のイズミちゃんと久しぶりに会うことになっていた。彼女はバンド活動をしていて、その影響もあるのか性格も結構ロックな感じの子だった。

「何それ、どうしたの？」

待ち合わせの喫茶店に現れた痣だらけの私を見て、彼女は早速その理由を問いただしてきた。

「いや、別に……」

「いいから全部話して。明らかに異常でしょ、その痣」

イズミちゃんの勢いに圧倒されて、私はヒロくんとのことをすべて話した。

キツいＤＶが毎日続いていること。極端な束縛で行動が管理されていること。それでも最後には優しくしてくれて、私にとってヒロくんは絶対的な味方だと思っていること。

話を聞きながら、イズミちゃんの顔はどんどん曇っていった。心配と呆れが混ざったような表情だった。

私が話し終わると、イズミちゃんはようやく口を開いた。

「いや、普通にヤバいでしょ」

「……そうかな？」

「そうだって。絶対別れた方がいい」

「でも、本当は優しい人なんだよ？」

「それ、典型的なDV男のやつだから。可哀想すぎて見てらんないわ」

今なら、イズミちゃんが言ってくれていることが正しいんだとわかる。明らかにヒロくんの振る舞いは異常だった。

でも当時の私は、どうしてもヒロくんを完全な悪者にすることはできなかった。イズミちゃんは友達に適当なアドバイスをするような子じゃないし、きっと彼女が言っていることは正しいんだろう。……だけど。本当にヒロくんと離れてしまっていいいんだろうか？


〝アイカのことをこんなに考えてるのは、俺だけだから〟

ヒロくんがかけてくれた優しい言葉が、私にはどうしても忘れられなかった。

ごにょごにょと言い訳を続ける私にしびれを切らしたのか、イズミちゃんは苛立ったように言葉を続けた。

「連絡はどうやって取ってんの？」

「ヒロくんにもらった専用の携帯だよ」

「ちょっとその携帯貸して」

「うん……」

イズミちゃんに携帯を手渡す。

「これね。よし、じゃあちょっと外出よ」

急に席を立つイズミちゃんに付いて、私は慌てて外に出た。


「ここでいいかな」

私たちがやってきたのは近くの公園だった。

「急に公園なんて来て、どうすんの？」

状況が上手く掴めない私の質問に、イズミちゃんがニヤリと笑って答えた。

「決まってるじゃん。こうするんだよ」

イズミちゃんは私が渡した携帯を取り出すと、いきなりそれを真っ二つに折った。

「ちょっと！　何すんの！」

止めようとする私を無視して、イズミちゃんは近くの川にそのまま折れた携帯を投げ捨てた。自分が何をしたかわかっているんだろうか。何の迷いもない動きだった。

「意味わかんない！　どうしちゃったの？」

「こうでもしないと、アイカ踏ん切り付かなかったでしょ？　もう二度とその男と連絡取っちゃダメ。わかった？」

パニックになって、急いで川を覗き込む。

ああ、これでもうヒロくんとは会えなくなるんだ。流されていく携帯電話を眺めながら、そんなことを漠然と思った。少しの寂しさと、だけどそれ以上に「これで全部終わるんだ」と安心している自分がいたのも事実だった。

「どう？　スッキリしたでしょ」

笑顔でそう問いかけるイズミちゃんに向かって、私はこくんと頷いた。

その日から、ヒロくんとは一度も会っていない。

JKガールズバー

秋葉原のJKガールズバーは日払い制だった。日給の8000円を握りしめて、池袋のマンガ喫茶に寝に帰るという生活が続いた。

この時にはもう関係は切れてたけど、帰るのはいつもヒロくんが教えてくれたマンガ喫茶だった。待ち伏せされていないか最初は心配だったけど、結局そういうことは一度も起きなかった。

家を出て、ヒロくんとも別れて、私はいよいよ本当の自由を手に入れたような気がした。狭いフラットシートの部屋で縮こまって寝るのも、あまり清潔とは言えないシャワーの順番待ちをするのも、それまでの生活のことを考えるとあまり苦にならなかった。

唯一困ったのが、荷物を持てないことだ。服をほとんど持っていなくて、冬場は下着だけつけてその上にコートを着て生活をしていた。一歩間違えればただだの露出狂だ。

お店には衣装があるからそれを着て接客して、終わったらまた下着とコートだけで帰る。「服持ってないの⁉︎」と驚いた先輩が、もう着なくなった服を持って来てくれたこともあった。

食生活は不健康そのものだったけど、前みたいに過食とか拒食になることはなかった。お腹が空いたらコンビニで安いホットスナックを買ったり、お店で余った食べ物をもらったり。たぶん感覚的には、お金がない一人暮らしの大学生みたいな感じだと思う。

ヒロくんと別れてから数カ月間、そんな感じのマンガ喫茶暮らしが続いた。そしてその暮らしはある出会いによって、大きく変わることになる。

その時私は17歳。高校2年生になる年だった。

水揚げ

勤めだしてから少し経つと、私にも何人かお客さんが付くようになった。

ガールズバーだからキャバクラみたいに指名制はないけど、一緒にチェキを撮ったりするから誰目当てなのかは大体わかる。その中に、レイくんはいた。

レイくんはその時27歳とかで、バーの客層からするとかなり若めだった。いつも友達を連れて3人組くらいでお店に来てくれた。

お客さんは基本的に、秋葉原にいる「THEオタク」みたいな感じのおじさんしかいない。その中で明らかに若くてオタク感もないレイくんたちのグループは、周りとは違ってイケてる感じに見えた。かなり頻繁に通ってくれたし、私たちは自然と仲良くなっていった。

ある日レイくんに、

「みんなでスノボ行かない?」

と誘われた。レイくんのグループと私たちお店の女の子何人かで、店外デートをしようと言うのだ。正直まんざらでもなかったし、他の女の子たちに聞いてもみんな乗り気だった。まあ私も人のことは言えないけど、キモオタだらけの店で目立っていた彼らのことを、結構いい感じだなと思っていたのだろう。

「楽しそう!　行こ行こ!」

私たちはみんなでスノボに出かけることになった。

楽しかったスノボの帰り道、車を運転していたレイくんが、

「ひとりずつ家に送るよ」

と言ってくれた。

「マジで？　ありがとう、助かるわ」

ひとり降りてふたり降りて、最終的に車内には私とレイくん2人だけになった。今思えば最初からそうするつもりだったのかもしれないけど、その時は別になんとも思わなかった。

「じゃあ、最後はアイカの家か。アイカはどこ住んでるの？」

「私はここだよ」

住所を伝えると、レイくんはカーナビ通りに車を走らせた。私の「家」が、徐々に近づいてくる。

「ていうか、これマンガ喫茶じゃん。どういうこと？」

建物が見えた瞬間、レイくんは明らかに戸惑っていた。私が冗談でデタラメな住所を教えたんだと思ったのだろう。

「だから、私の家だよ。ここに住んでるの」

「意味わかんねえ。冗談でしょ？」

「本当だって。いま家出中なの」

「マジかよ。どれくらい？」

「……1年くらいかな？」

あまりの衝撃に、レイくんは言葉が出ないようだった。きっとこの人はずっと、普通に愛されて、普通に幸せに育ってきたんだろう。私がいくら事情を説明しても、信じられないという顔をするばっかりだ。

「とりあえず、事情はわかったから。もし本当にそんな生活してるんだったらさ、俺んちに来ない？」

ひと通り話を聞いたレイくんは、そう私に提案してきた。

「レイくんの家に？　そんなの急に言われても……」

「働かなくていいし、家で掃除とご飯だけやってくれればいいから」

「うーん」

「別に変なことしないからさ、おいでよ」

「……じゃあ、わかった」

こうして私は、マンガ喫茶とＪＫバー生活から卒業した。夜のお店から女の子を引き抜く、いわゆる「水揚げ」ってやつだ。その日から私は都内にあるレイくんのマンションで暮らすようになった。

ちなみにレイくんは、一緒に暮らし始めてから1週間くらいは本当に私に手を出してこなかった。

レイくん

レイくんは普通の会社員をしていて、部屋も結構広かったしそれなりに稼いでいたんだと思う。

彼が仕事に出ている間は家の掃除とかをして、帰ってくる時間になったらご飯を作って待つ。いわゆる専業主婦みたいな毎日が始まった。

レイくんは基本的に優しかったけど、ちょっと変わった人でもあった。色々なことに対して神経質というか、こだわりが強いタイプなのだ。

特にこだわりがあるのが、食に関してだった。出汁は味の素やだしの素を使わずに、きちんと昆布から取って欲しい。もちろんレトルト系の食品もＮＧ。ちゃんとイチから味付けをするように。こんな感じで、いくつも細かく注文を付けられた。

最初は真面目に言うことを聞いていたけど、さすがにそんなの毎回はやってられない。ある時、多分バレないだろうと思って試しに化学調味料満載の料理を作ってみた。

「今日の味噌汁、めっちゃうまいじゃん！」

味の素がたっぷり入った味噌汁を飲みながら、レイくんが嬉しそうに笑っている。こちらを怪しむ様子は全くなかった。

「そうかな？　ありがとう」

「こっちの回鍋肉も最高だよ。アイカ最近、腕上げたんじゃない？」

そっちはクックドゥのおかげだよ、と思いながら私は「嬉しい！」と返事をした。こう言っちゃなんだけど、やっぱり男って馬鹿だなって思った。

まあでも、そんな馬鹿なところはありつつ、レイくんは私のことを結構大事にしてくれていたように思う。これまでのＤＶとかイジメまみれの生活に比べたら、「こだわりがあるようで実は味オンチな男」なんて可愛いものだ。可愛いどころか、めちゃくちゃ幸せな生活にさえ思えてくる。

私は料理上手な彼女として、しばらくは平和にレイくんと2人で暮らした。そう、しばらくは。このままハッピーエンドで終わっても良さそうなもんだけど、私のハードモードな人生は、それくらいでは許してはくれなかった。

あの頃の感覚

レイくんと暮らすうちに、私のなかである問題が発生した。なんと私は、再び拒食症気味の状態に陥ってしまったのだ。

一緒にスノボに行ったメンバーはみんなそれぞれカップルになっていて、よく4人とか6人で集まって遊んだ。そんな中でレイくんが私に向けて放った言葉が、私の「痩せたい」という気持ちにもう一度火をつけてしまったのだ。

私たち女子グループにはルナちゃんっていう子がいて、バイトリーダーでもあったルナちゃんはお店の中でも飛びぬけて可愛く、スタイルも抜群だった。

「お前はいいよな、ルナちゃんと付き合えて。俺なんかアイカだぜ？　こいつちょっとぽっちゃりしてるし、マジで羨ましいわー」

みんなでいるとき、レイくんはよくこういうことを言った。別に仲間内の冗談というか、なんてことのないイジりだったんだと思う。私もそう考えて最初は聞き流してたけど、何度も言われるうちにさすがに腹が立ってきていた。

「俺、〇〇ちゃんみたいな子がタイプなんだよね。もしアイカと別れたら、芸能人と付き合ってみたいかも」

とある芸能人の女の子の名前を出して私をイジってきたこの発言が、最終的な引き金になった。

私だって痩せようと思えば痩せられるし、あんたには言ってないだけで昔は芸能の仕事もしてた。そんなに言うんだったら、本気出して全部わからせてやる。――自分の中で、あの頃のスイッチが入るのが分かった。

その日から私は、レイくんが心配するくらい全力で痩せてやろうと誓った。

その時やったのは、糖質制限だ。炭水化物は一切摂らずに、肉とか魚だけを食べるという生活に一気に切り替えた。一度決めたことはストイックにやり込むというのは、もしかしたら私の特技かもしれない。あとは中学の頃飲んでいた例の下剤も、また飲み始めた。

50キロ台半ばくらいあった体重は、一気に43キロにまで落ちた。

「アイカ、最近めっちゃ痩せてない？　どうしたの？」

日に日にガリガリになっていく私を見て、レイくんが心配そうに声をかけてきた。どうしたのも何も、あなたがそうして欲しいって言ったんじゃないの？ちょっと本気を出したらこれだ。勝った、と思った。

「レイくんが痩せてる方が好きだって言うから。これでいいんでしょ？」

「ごめんごめん、あれはただの冗談っていうか……本当に痩せて欲しかったわけじゃないんだよ。俺が悪かった」

これで一応目的は達成したけど、入ってしまったスイッチを再び切るのは簡単にできることじゃない。一度「食べたくない」「食べるのが怖い」と思ってしまったら、なかなかその強迫観念を消すことは難しいのだ。

ただ、この頃は毎日のように料理をしてレイくんと一緒にご飯を食べていたわけだから、中学の頃みたいな病的な痩せ方はさすがにしなかった。

私がもう一度深刻な拒食症になるのは、もう少しだけ後の話だ。

自己肯定感

私の人生で自己肯定感が高かった時期なんて1秒もないけど、中でもレイくんと暮らしていた時期はそれがガクッと落ちた時期でもあった。拒食症の再発と並んで、これも私にとってなかなか大きな問題だった。

それまでの私はモデル業にしろ水商売にしろ、成果を出してその対価としてお金を稼いで生きていた。どれもわかりやすく数字が出るし、その数字こそが自分の価値だと思っていた。

だから良い数字を獲るために無理なダイエットも嫌な仕事も頑張ってこなしてきたし、それが成功してお金がもらえた時だけは唯一「自分はここに居ていいんだ。その価値がある人間なんだ」と思うことができた。

それが、今はどうだろう。毎日掃除や洗濯、料理を繰り返すだけで、そこには何のお金も発生しない。

――いまの私に、価値があるんだろうか？

レイくんがいない昼間の家の中でひとり、いつからかそんなことを考えるようになってしまった。私は他人からの評価、それもわかりやすく数字で表れる評価でしか、自分の価値をはかることができなくなっていたのだ。

レイくんには、働くことを禁止されていた。お金が必要なときはその都度申告するシステムになっていて、たぶん私のことを完全に管理下に置いておきたかったんだと思う。ヒロくんの時といい、なぜか私の周りにはそんな男ばっかりだ。そう考えるとこの時の私は、レイくんと暮らしていたというより「飼われていた」と言った方が正確なのかもしれない。

だけどそうやって飼われているだけでは、自分の価値がわからなくなって病んでしまう。そう考えた私は、レイくんに隠れてこっそりお金を稼ぐことにした。将来的にはまた整形もしたかったし、お金は貯めておいて全く損はないはずだ。

始めたのは、いわゆるぼったくりバーのサクラのバイトだった。出会い系サイトで男を釣って、誘った先のバーでお金をぼったくって終了。よくある手口だけど引っかかる男は結構いて、月に30万くらいは貰えていた。

そうやって稼いだお金を手にしたときは、やっぱり嬉しい。落ち続ける自己肯定感をたまに入るバイトで補いつつ、私は毎日なんとか生きていた。

プロポーズ

拒食症と自己肯定感。これらの問題はあくまでも自分の中だけのものだったので、レイくんとの生活は表面上は穏やかに進んでいった。

そんな中で迎えた18歳の誕生日、私はレイくんにプロポーズされた。

レイくんがなんとなく焦っていることには気付いていた。弟はもう結婚して子どももいるのに、自分は30歳を前にしてまだ結婚すらできていない。ここ最近はそういう話をしてくることが増えていたし、とにかく子どもができちゃえばどうにかなると思ったのか、ゴムを付けずにそういう行為を迫ってくることもかなり頻繁になっていた。

——この人と結婚か。

私も、想像したことが全くないわけではない。だけど、冷静に考えてそれはやっぱりできないなと思った。私にとってレイくんは、完全に信用できる存在ではなかったのだ。

まだ高校生の私をお店から水揚げして自宅に連れ帰った時点で何となくは気付いていたけど、レイくんはロリコンだった。

家を掃除しているとき、レイくんが押し入れに隠し持っているAVを見つけてしまったことがある。そのほとんどが「家出少女とひょんなことから知り合って……」みたいなシリーズ物で、そういうことかと思って少し笑ってしまった。

でも言ってしまえば、その趣味自体は別にどうでもいい。人それぞれに「癖」はあるものだし、それがロリ系のものだからってそこまで軽蔑することはなかった。

私が気に入らなかったのは、それを隠すためにレイくんがつくどうしようもないウソの数々だ。

これも家を掃除していたときの話だけど、テーブルの上に雑に置かれたポイントカード類のなかに、見慣れないカードを発見したことがあった。「制服」とか「ＪＫ」とか色々書いてあって、明らかに風俗店のものだとわかった。

試しに何人かの友達に写真を送ってみると、

「私そこで働いてるよー」

という子がいた。聞けば、女子高生がマジックミラー越しにパンツを見せてくれるお店だと言う。なるほど、そういう系のお店ね。行くなら行くで、もっとバレないようにすればいいのに。見つけてしまった手前無視するのも気持ち悪いし、私はレイくんを問い詰めることにした。


「このカード、なに？」

目の前にカードを突き付けると、レイくんは明らかに動揺していた。

「……ああ、それね。いや、違うんだよ」

「違わないでしょ。これ風俗の名刺だよね？」

「うーん……まあそうなんだけど、でも本当にそういう目的で行ってるわけじゃなくて」

「どういうこと？　意味わかんないんだけど」

「その店、めちゃくちゃWi-Fiの環境が良くてさ。ソシャゲするのに最高なんだよね」

マジで意味がわからない。もっとマシなウソがつけないのだろうか。

もちろんレイくんが私についたウソはこれだけじゃなくて、似たようなことが他に何回もあった。結婚したからと言ってその性格は直らないだろうし、そんな人とこれから一生暮らしていくことはやっぱりできない。

私は、レイくんのプロポーズを断った。

「ごめん、ちょっと結婚はできないかな」

「……どうして？　俺たち上手くいくと思わない？」

「レイくんたまにウソつくし、そういう人はあんまり信用できないかも」

「それは謝ったじゃん」

「でも……」

「アイカだって子ども欲しいでしょ？　結婚してしっかり子作りしようよ」

「子どもも、私は別に欲しくない。実は隠れてピル飲んで、子どもができないようにしてた。黙っててごめんね」

「なんだよそれ！」


プロポーズされたその日に、私たちは大喧嘩をした。

「俺が今まで面倒を見てやったのに、ふざけんな！」

レイくんはどうしようもないくらいキレちゃって、もはや私たちの関係は修復不可能なところにまでいってしまった。

——これでもう終わりだな。

私は荷物をまとめて、レイくんの家を出ることにした。またしても、居場所を失ってしまったのだ。

どこにも行き場のない私は、仕方なく一度実家に戻ることにした。

04.

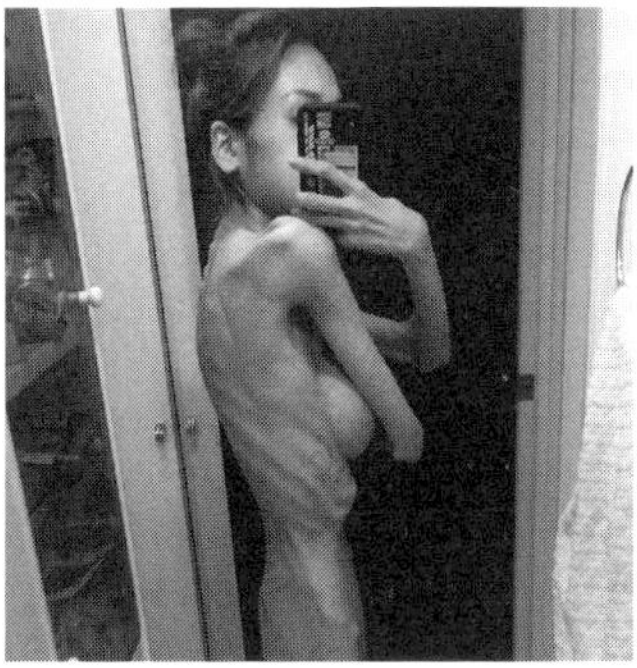

吐きダコと／200錠の下剤

再び拒食症へ

特に歓迎されるわけでも怒られるわけでもなく、私は案外すんなりと家に戻ることができた。ママとまーくんと、8歳になって少し大きくなった妹。私のちょっと特殊な家族は、家出をしている間もずっと変わらずにそこで暮らしていた。

実家に帰ったからといって何もしないのも居心地が悪いので、私はもう一回芸能の仕事をするために養成所に入り直すことにした。中学のときに入っていたスクールの、18歳以上向けのコースだ。

また1年間みっちりとレッスンを受けて、それが終わったら公開オーディションを受ける。しんどい道なのは分かっていたけど、家族もみんな賛成してくれたし頑張ってみようと思った。

私のなかでは、芸能の仕事を頑張る＝痩せるということだった。中学の頃の成功体験があるからか、自然とそういう風に刷り込まれてしまっていたのだ。レイくんに体型のことを言われて痩せるモードに入っていたこともあって、スクールに入ってからまた私は重度な拒食症に陥ってしまうことになった。

この頃にはもう時代が少しずつ変わってきていて、「モデルは痩せていることが正義」みたいな価値観は無くなりつつあった。

「ありのままの自分を誇ることこそが美しい」みたいな今っぽい考え方に、ちょうど世の中が変わっていこうとしている時期だったように思う。それでも極限まで痩せようとする私を、「アイカ、そんなに無理してまで痩せようとしなくていいから」と先生が説得してくれたこともあった。


私だって頭では分かっていた。それなのに、どうしても身体が付いていかなかった。とにかく、食べることが怖くて仕方がないのだ。

なんとか体重を増やそうと無理してご飯を食べてレッスンに行ってみたこともあるけど、胃が受け付けないのか途中で気持ち悪くなって全部吐いてしまうのがオチだった。完全に拒食症の症状だ。

その影響で、中学のときにはなかった「吐き癖」まで徐々についてきてしまっていて、正直症状はより悪化している状態だった。

食事は昔と何も変わらず、他の家族と私は完全に別々だった。今度は特にママから指示されたわけじゃなくて、自分から進んで中学時代の食生活に戻した。変わったことといえば、こんにゃくがスルメになったことくらいだ。

スルメをひたすら噛んで、味がしなくなったら飲み込まずに吐き出す。またお腹が空いたら、スルメを噛んで吐き出す。もはや何も食べてないのと同じで、そう考えるとこんにゃくの時より最悪の食生活かもしれない。

そんな生活をしていたから当然元気も出なくて、レッスンに行けないような日も出て来るようになった。これでは本末転倒だとわかってはいたけど、それ以上に食事をして体重が増えるのが怖かった。

そして一番ヤバかったのが、下剤だ。

中学でママに渡されて以来ずっと付き合ってきた下剤を、私はこの時期になると1日に200錠近くも飲むようになっていた。

1シート50個入りを、1日に4枚。自分でも異常な数字だと思う。普通の人がそんな量を飲んだら死んでしまうかもしれないけど、小さい頃から徐々に数を増やしていった私は平気だった。常に胃の中に大量の薬が入ってるから、何も食べなくてもお腹が空かないというのも大きなメリットだった。

ただ、飲み方を間違えたときは地獄だ。

下剤を飲んだあと何も食べずに乳製品を入れてしまうと、胃と背中に激痛が走って動けなくなってしまう。これは下剤が腸まで届かずに、胃の中で溶けて効いてしまうからだ。その状態に陥ってしまったらもう、1日中脂汗をかきながらトイレで吐き続けるしかなかった。

胃には痛覚があるけど、腸にはない。普通なら看護学校でしか習わないような知識を、私は自然と下剤から学んだ。

拒食と下剤の大量摂取という生活を続けて、私の体重はまたすぐに36キロまで落ちた。あの中学の夏休み明けの時と同じ体重だ。

私が食べないことは家では当たり前だったし、家族が何かを言ってくることはなかった。むしろママなんかは、「アイちゃん頑張ってるね、すごいすごい！」と応援してくれたほどだった。

唯一、たまに顔を合わせていた下のお兄ちゃんはガリガリの私を見て、

「ちゃんとご飯食べてるの？」

と心配してくれていた。変わり者だけど、優しいお兄ちゃんだ。

ラウンジ嬢

養成所は恵比寿にあったから、レッスン終わりなんかは自然とそのあたりで遊ぶようになった。

ある時、居酒屋か何かでひとりのおじさんに声をかけられた。

「キミ、面白いね。俺に付いてきたら人生変えてあげるよ」

適当に話をしていると、急にそんなことを言われた。今考えると、なんでその人に付いていったのかはわからない。どう考えても怪しいに決まってる。なのに私は気付いたら、そのおじさんとタクシーに乗って西麻布の方に向かっていた。若かったし、単純に怖いもの見たさだったのかもしれない。

怪しいマルチの勧誘か、もしかしたらAVか。車内で色々な想像を巡らせてみたけど、連れて行かれたのはいわゆる「ラウンジ」と呼ばれるタイプのお店だった。言ってしまえばキャバクラみたいなものだ。

なんだ、そっち系のスカウトか。少しホッとしながら一応話を聞いてみると、そこはラウンジの発祥とも言われているなかなかの有名店らしかった。

「芸能やってる子もたくさん在籍してるし、もちろん秘密も守ります。君なら結構稼げると思うけど、どう？」

その頃私はまだスクール生だったし、基本的に毎日レッスンを受けるだけで仕事が来るわけではなかった。実家にいるとはいえ、ちょうどバイトか何かをして稼がないとなと思っていたところだったので、私はその話を受けることにした。

公開オーディション

昼はスクールでレッスンを受けて、夜はラウンジでアルバイト。そんなハードな生活が、1年間続いた。ラウンジでは基本的にお酒も抜いてくれたし、お触りとかもない健全なお店だったから、しんどかったけどなんとか耐えることができた。

スクールの方は、結構居心地がよかった。未経験の子が多い中、経験者の私はある程度色々なことができたので、先生たちも評価してくれた。正直、成績もだいぶ上の方だったと思う。拒食症の件さえなければ、割と充実した1年だったと言える。

そして迎えた公開オーディション当日。

普通はスタイルがくっきり出る衣装を着ないといけないから、女の子はミニスカートを履くことが多い。だけど私だけは、例外的にズボンを履いて出場することになった。

「アイカはちょっと細すぎるから、脚は隠しなさい」

先生にそう言われたからだ。中学の頃は痩せないとデビューさせないとまで言われていたのに、社会の変化というのは本当に分からないもんだなと思った。

ひとりだけ脚を隠していることに若干の居心地の悪さを感じつつ、各事務所からの指名を待つ。

結果は、私が一番だった。

――ほらね、やっぱり私の努力は間違ってなかった。

反射的に、そう思ってしまった。先生には色々言われたけど、生活を変えずに体型をキープできたからこうして一番を獲れたんだ、と。

中学の時と、何も変わらない。むしろまたひとつ成功体験が上塗りされたことで、私の中の「痩せる＝成功への近道」という方程式はより強いものになってしまった。

サキちゃん

公開オーディションは、指名を貰ったあとも結構大変だ。自分を指名してくれた事務所ならどこでも選び放題というわけではなくて、その後に各事務所にきちんと面接を受けに行かないといけないのだ。向こうもぱっと見で選んでるわけだから、いざ面接をしてみたら不合格、なんてこともザラにある。

ありがたいことに私は120社以上から指名を貰うことができたから、その分面接の数も膨大だった。120枚履歴書を書いて、120枚写真を印刷して、120枚自己PRを書く。毎日毎日、何カ月もかけて分刻みのスケジュールで面接を受けに行った。1秒でも遅刻したら他の事務所にも情報がいってしまうと聞いてたから、そのプレッシャーも半端じゃなかった。

　毎日面接を受けまくっていると、同じように事務所を回っている子たちとも自然に顔見知りになってくる。そのなかで私は、サキちゃんという子と友達になった。サキちゃんはアイドル志望の女の子で、年齢も私と同じくらいだった。

サキちゃんは面接の空き時間、いつも私をご飯に誘ってくれた。

「でも私、あんまりお腹空いてなくて……」

「ちょっとでもいいから、一緒に話しながら食べよ！」

サキちゃんに拒食症のことは話していない。単純に友達として「一緒に食べたい！」と言ってくれたことがすごく嬉しかったし、不思議と何度も行くうちに私も自然とご飯を食べられるようになってきた。あんなに酷かった拒食が、サキちゃんのおかげで少しマシになったのだ。

　きっとオーディションが終わった安心感もあったんだと思うけど、一番大きかったのはやっぱりサキちゃんのおかげだ。

　彼女とはいまも仲が良くて、たまに連絡を取ったり、サキちゃんが所属するアイドルグループのライブを見に行ったりもしている。

「関あいか」として

怒涛の面接ラッシュが終わって、晴れて私はある芸能事務所に所属することになった。面接をしてくれたマネージャーさんがすごくフランクな人で仕事がしやすそうだったというのと、モデル系の仕事が多く貰えそうだったというのが決め手だった。

私はこのタイミングでそれまで本名で活動していた名字を変えて、「関あいか」に生まれ変わった。ちなみに「関」というのは、ラウンジの方の仕事で知り合ったお客さんの名前から適当に拝借したものだ。

出版社に挨拶回りに行ったり、色々なオーディションを受けたりしているうちに、少しずつ仕事が入るようになってきた。

最初の頃に多かったのは、グラビアの仕事だ。今は何とも思わないけど、当時はやっぱり少しだけ抵抗があった。単純に恥ずかしかったし、私が本当にやりたいファッションモデルとはどうしてもかけ離れたイメージがあったからだ。

だけどグラビアがきっかけでＣＭや雑誌の仕事に繋がることもあったから、仕方なく我慢して続けていた。

いくつかお店を移ったりしながら、夜の仕事の方も続けていた。一応モデル仕事の前の日は飲まないようにしたりして調節はしていたけど、たぶん事務所とかマネージャーさんにはバレバレだったと思う。昼間はどうしても寝ちゃってて、連絡を全然返せないようなこともあった。


私の仕事が世に出だしたあたりから、また新しいストレスが降りかかってくるようになった。

ママだ。仕事は応援してくれていたし喜んでくれてもいたけど、その気持ちがいきすぎて私とぶつかってしまうことが増えてきたのだ。

たとえば嫌だったのは、私の名前で検索をかけて出てきた書き込みをいちいち私に見せてきたこと。掲示板にこんなこと書かれてたよとか、この写真はあんまり評価が良くないねとか、知りたくもない評価を毎日のように見せつけられるのが本当にキツかった。

そういうストレスから逃れるために、私はひとり暮らしをすることに決めた。

実家に帰るために始めたモデル業だったけど、いざ始まるとそのモデル業が原因で家を出ないといけないなんて皮肉なものだ。モデルの方は全然お金にならなかったから、主に夜の仕事で頑張ってお金を貯めた。

楽しいひとり暮らし

念願のひとり暮らしは、ストレスがなくて本当に楽しかった。下剤は変わらずに飲んでたけど、この頃は自炊もしてたし最低限のご飯は食べていたと思う。ただ、あまりに楽しすぎて生活リズムが完全に狂ってしまったのは問題だった。ラウンジは深夜3時まで営業してて、それが終わったら友達と歌舞伎町に出て昼近くまで飲んで帰る。そんな生活が続いた。

そのせいで昼間のモデル仕事の方の連絡はさらに返せなくなっていって、段々とマネージャーさんと会うのも気まずくなるようになってしまった。とはいえ仕事はそれなりにきていたし、この頃はまだそこまで大きな問題にはならずに済んでいたと思う。

ちょっとずつ問題はありながらも、この頃は基本的に昼の仕事も夜の仕事も順調に進んでいた時期だった。どちらに対しても必要以上に前のめりになったりすることもなくて、要するに何も考えずにただ楽しい日常を送っていただけだった。今考えれば、それができるのはすごく幸せなことだと思う。

そしてある程度お金が貯まってきたところで、私はあることにどっぷりとハマることになる。子どもの頃から持っていた、自分の顔に対するコンプレックスの解消。そう、整形だ。

可愛くなりたい

自分は醜い。可愛くない。

小さい頃から、ずっとそのコンプレックスを抱えて生きてきた。きっと直接の大きな原因は、ママに何度も「アイカは可愛くない」と言われて育ってきたことなんだと思う。いくらオーディションでグランプリを獲っても、プロのモデルとして仕事を貰えるようになっても、そのコンプレックスは全く消えることはなかった。

まだ体型に関しては、無理やり痩せることでなんとか自分の気持ちを誤魔化せていた部分もあった。それについては、ここまで散々書いてきた通りだ。

問題は、顔だ。こちらはいくらメイクを頑張ってみたところで、体型みたいに劇的に見た目が変化をするようなことはない。ラウンジやモデル仕事で可愛い女の子を見る機会が増えたことも影響していたのか、私の中で顔を変えたいという欲求はこの時期ピークに達していた。とにかく整形がしたい。少しでも可愛くなりたい。その一心で仕事を頑張って、お金を貯めていった。

ある程度まとまったお金が確保できると、私は狂ったように病院に通いだした。今まで数えきれないくらい整形をしてきたけど、そのほとんどがラウンジとモデルを掛け持ちしていたこの頃にやったものだ。

とにかく一刻も早く顔を変えたくて焦っていた私は、片っ端から電話して「今日、いますぐ手術できます」という病院を必死になって探した。何よりもスピード優先だったから、ちょっと怪しげな激安チェーン店でも構わずに足を運んだ。本当に念願の整形だったたし、不安なんて1ミリも感じなかった。

手術をしたのは、目と鼻だ。目尻を切って、目頭も切って、鼻には人工軟骨を入れて。何度も何度も、修正しまくった。当然ダウンタイムには仕事ができなくなるけど、きちんとその分も計算してお金を貯めていたので平気だった。

最初の数回は、手術をする度に自分が少しマシになった気がして自信にも繋がる。だけど一定の回数を超えたあたりから、その感覚もどんどん薄くなっていくのがわかった。もっと修正したいし、まだ何かやれることがある気がする。そんな強迫観念が日に日に増していって、むしろやればやるほど不安に苛まれるようになってしまうのだ。最終的には常にどこかをイジってダウンタイムの激痛に耐えていないと落ち着かないようになってしまって、もはや痛みを感じるために手術をしているような、訳のわからない境地にまで達してしまった。

そんな泥沼状態ではあったけど、整形を後悔したことは一度もなかった。基本的に整形は、私にとってメリットしかなかったからだ。

そのメリットのひとつが、それまでどん底だった自己肯定感が少しマシになってきたことだった。例えば他人には絶対に見せないようにしていたスッピンも、信頼できる人であれば徐々に見せられるようになった。普通の人からすると当たり前のことなのかもしれないけど、これは私にとって革命的な出来事だ。やっぱり頑張って稼いで整形してよかったな、と心から思えた。

さらには、顔を変えてからラウンジの仕事の方もより上手くいくようになった。「アイカちゃん、なんか可愛くなったね」とか「最近メイク変えた?」とか褒めてもらえることが増えて、それと比例するように売り上げの額も上がっていった。本当に、何から何まで良いことだらけだ。

当時付き合っていた彼氏からは「そんなにイジんなくてもいいんじゃないの?」と言われていたけど、そんなのは一切無視した。彼はお金がなくて私のヒモみたいなことをして暮らしていたから、言ってみれば私の整形効果で稼いだお金で食べているような状態だった。そのくせ外野からとやかく言われるのは腹が立ったし、せっかく色々と調子が良くなってきているところに水を差されるのはごめんだ。

有名人

そんな感じで少しずつ自信をつけ始めていた私は、ひょんなことからちょっとだけ有名人になる。Twitterがそこそこ有名なアカウントに見つかって、フォロワーが一気に数万人にまで伸びたのだ。整形のこと、ラウンジのこと、夜遊びのこと。私は当時の生活について、特に隠すこともなく好き放題にツイートしていた。いわゆる「港区女子」が流行りだした時期でもあったから、たぶん私もその流れに乗ってバズった感じなんだと思う。

西麻布がどうとかギャラ飲みがどうとか、私自身も夜のきらびやかな世界を意識した言葉を使ってツイートするように意識していた部分もあったし、自分に集まる数字がどんどん増えていくのを見るのは単純に気持ちが良かった。

ファンもいれば当然アンチもいたけど、当時は特に盛り上がっている界隈だったし、それも人気があることのひとつの証拠だと思っていた。

ただ、その状況を面白く思わない人もいた。所属事務所のマネージャーさんだ。ある日事務所に呼び出されて、結構本気で怒られた。

「アイカちゃんはタレントなんだから、イメージが大事な仕事だよ。今までは目をつぶってたけど、もう少しこっちの事情も理解して欲しい」

たしかに、おっしゃる通りだ。Twitterも厳しくチェックされるようになって、問題があるツイートはすべて削除させられた。だから今検索しても、港区女子系の書き込みはほとんど残っていないはずだ。

その一件以来、仕事が全くこなくなるようなことは別になかったけど、その内容は明らかに変わっていった。

いちばん多かったのは、ドレス関係のモデルの仕事だった。ドレスと言っても、ウエディングドレスではない。いわゆるキャバ嬢や、私のようにラウンジで働いてるような人が着ているタイプのドレスだ。「キャバクラ　ドレス」とかで検索をかけてもらえれば、なんとなくのイメージは掴めると思う。

ただ、当時の私にはもはや「こんなモデルになりたい！」という理想はほとんどなくなっていたし、仕事の毛色が変わっても特にショックを受けることはなかった。

次の変化

実家に戻ってからの数年間は、本当に色々なことがあった。芸能活動の再開、ラウンジ嬢としての仕事、そして度重なる整形。かなり忙しくて濃密な日々でもあったから記憶が曖昧な部分も多いけど、社会に復帰するために一歩踏み出したことで、内側にこもりがちな私の生活が一気に広がった時期でもあったと思う。

20歳も超えて、人生に対する考え方も少しずつ固まってきていた。そこで見えてきたのが、「これからの生き方を考えなければ」という課題だった。どうしたって年齢を重ねていくことからは逃げられないわけで、今の仕事をずっと続けていくことは不可能だろう。まだ少し先の話ではあるにしても、いずれはぶつかる問題だということはわかっていた。

そんなことをうっすらと考えていたなか、ある出会いによって私の人生は再び大きく動き出していくことになる。

リョウさん

リョウさんは、ラウンジのお客さんだった。

「おっ、見つけた」

ふらっとひとりで現れたリョウさんは、席についた私を見るなりそう言ってきた。どういう意味ですか、と聞くと、リョウさんは嬉しそうに続けた。

「色んなお店とか行ってね、理想の子を探してたの。今やっと見つけた。今日から君のこと口説くから」

その日は私が上がる時間までお店で飲んで、そのままアフターに行った。私のiPhoneの画面がバキバキに割れているのを見たリョウさんに、「直してあげるから一緒に行こう」と誘われたのだ。タダで直るんならラッキーだな、くらいに考えて、私は付いて行った。

「今日はありがとうございました。携帯まで直してもらっちゃって」

「アイカちゃんは明日もお店に居る?」

「はい、居ます」

「それなら明日も行くから。君が落ちるまで、毎日通うよ」

それからリョウさんは、本当に毎日お店に来た。出勤前に同伴をして、そのまま閉店までずっと居るという流れだ。年齢は私より15個くらい上だから、たぶん当時は30代後半って感じだったと思う。身なりも良くて、その頃流行っていた仮想通貨でかなり儲けていたらしい。まあ毎日のようにラウンジに通うくらいだから、お金持ちなのは当たり前だ。

ラウンジで遊ぶのには、結構お金がかかる。もちろんお店とか飲み方にもよるけど、だいたい一晩で数十万は使うのが当たり前だ。リョウさんはその額のお金を毎晩のようにお店に落としていった。

お金の面もそうだけど、その態度や口説き方を見ても、リョウさんの私に対する本気度はよくわかった。なかでも2回目にお店に来た時のことは、今でもよく覚えている。


その当時、リョウさんには付き合っている彼女がいた。

「歌舞伎町でキャバやってる子なんだけどね、今から別れるからアイカちゃんも見てて」

そう言ってリョウさんは急に電話をかけ始めた。

「ああ、○○？　用件だけ言うから、ちゃんと聞いてて」

どうやら相手は、キャバクラで働いているというその彼女のようだ。

「もう君に用ないから。二度と連絡もしてこないでね。じゃ」

それだけ伝えるとリョウさんはすぐに電話を切って、私の目の前で彼女の連絡先を消してみせた。

「これだけ僕も本気ってことだから。わかった?」

正直、かなりヤバい人だと思った。私に対して本気なのは間違いないのかもしれないけど、だからってやり方が極端すぎる。誠実さアピールが変な方向にいっちゃって、逆効果になっていることに本人は気付いていないんだろうか。はっきり言って、リョウさんのそういうところは全く好きにはなれなかった。だけど、単純にお客さんとして見れば話は別だ。お金はたくさん使ってくれるし、しつこくアフターに誘ったりもしない。「この人、いつまで引っ張れるかなー」なんて考えながら、猛アプローチをのらりくらりとかわしつつ接客を続けた。

事態が動き出したのは、出会ってから1カ月ほど経った11月のことだった。私やリョウさんを含めたお店のメンバーで、年末年始は沖縄で過ごそうという話が持ち上がった。

「いいですね、楽しそう!」

本当はその時の彼氏と一緒に過ごす予定だったけど、接客している席でまさかそんなことは言えない。とりあえずこの場は合わせておこうと思って、適当に返事をした。

すると、リョウさんはなんとその場で私の分のチケットを取ってしまった。

「いま、チケット取ったから。僕も楽しみだな」

——私はどうせ行く気ないし、ドタキャンしてそのまま関係が切れちゃうパターンだな。もったいないけど仕方ないか。

反射的に、あといくらこの人から取れるかを頭の中で計算している自分がいた。

「アイカちゃんも、楽しみでしょ？」

リョウさんが、こちらをぐっと覗き込んでくる。

「は、はい！　すごく楽しみ！」

気のせいだろうか。一瞬、リョウさんの目が私の気持ちをすべて見透かしているように見えて、妙に不気味に感じた。

そこからも毎日のようにリョウさんとお店で話す中で、だんだん沖縄旅行の件が私の胸に重くのしかかってくるようになってきた。もしウソがバレたらこの人は何をするか分からないという恐怖もあったし、当然、多少の罪悪感もないわけではない。私の顔を覗き込むあのときのリョウさんの目つきも、なぜか頭にこびりついて離れなかった。

重圧に耐えきれなくなった私は、リョウさんに正直にすべて話すことを決心した。どうなるか分からないけど、やっぱり黙っておくよりはいいだろうと考え直したのだ。

「リョウさん、ちょっと今日はお話があって……」

「うん、どうした?」

「実は私、一緒に暮らしている彼氏がいます。なかなか言い出せなくて、ごめんなさい」

思い切って白状した私に対して、リョウさんはなぜかいつもの余裕の表情を崩さなかった。

「知ってるよ。アイカちゃんみたいな子に彼氏がいないわけないじゃん。それを分かった上で、僕は口説いてるんだから」

「いやでも、年末の沖縄も本当は行けなくて、それも申し訳ないと思って……」

「ああ、大丈夫大丈夫。どうせ別れて、アイカちゃんは僕のところに来ることになるから。全く心配してないよ」

リョウさんはなぜか自信たっぷりだった。どこにそんな根拠があるのかはわからない。こんなのただのデタラメか、ハッタリだ。

――でも。

まるで全部リョウさんの言うとおりになってしまうような、妙な胸騒ぎがしたのも事実だった。つくづく、不気味な人だと思った。

沖縄旅行

そして迎えた12月31日。リョウさんたちが沖縄に出発するまさにその日の朝に、私は彼氏と大喧嘩をした。きっかけは、どこにでもあるようなつまらない言い合いだった。

彼氏はすごくモテる人で、とにかく毎晩のように色々なところで遊びまわっていた。私に浮気がバレて、土下座して謝って。また他の子と浮気をして、土下座して。そんなことを数えきれないくらい繰り返していたから、私の方もとっくに我慢の限界は超えているような状況だった。

そんな爆発寸前の関係性のなか、たまたま機嫌が悪かった私は彼の生活態度についてついつい口を出した。

「ねえ、昨日も帰り遅かったでしょ？　最近さすがに遊び過ぎじゃない？」

反論できない彼氏は「そうだね」とかなんとか曖昧な返事をしながらリビングを出ようとして、後ろ手にバタン、と強くドアを閉めた。向こうも不機嫌なのは、その口調からすぐに分かった。

——は？

イライラが爆発するきっかけというのは、案外どうってことのない些細なものだ。彼が面倒くさそうにドアを閉めたそのバタンという音に無性に腹が立って、一気に頭に血が上るのが分かった。

気付いたら私は立ち上がって、彼を怒鳴りつけていた。

「今のなに？　腹立ってんのはこっちなんだけど！　だいたい家賃払ってるのも私なんだし、ウチで変な音立ててんじゃねえよ！」

こうなったらもう収拾がつかない。すぐに彼にも火がついて、そのまま激しい言い合いになった。

最悪だ。もうこんな奴と一緒にいたくない。大喧嘩をしながら、頭の片隅には例の沖縄旅行のことが思い浮かんでいた。

――もういいや。私も沖縄行って、全部忘れよう。

言いたいこと言ったらスッキリしたし、適当に喧嘩を切り上げて大急ぎで荷物をまとめた。ほらね、と笑うリョウさんの声が聞こえた気がした。


待ち合わせ場所に着くと、そこにいたのはリョウさんひとりだけだった。ヒロくんのときと一緒だ。また騙された。でも、今はそんなことはどうでもよかった。とにかくさっきまでの最低な空気から、できるだけ遠くに離れたいという気持ちの方が強かったのだ。

「ああ、来た来た」

こうなることがすべてわかっていたかのように、リョウさんは笑った。

空港に向かうリョウさんの車のなかで、ありったけの愚痴をぶちまけた。うんうん、と話を聞いていたリョウさんは、私がすべてを吐き出し終わるとゆっくりと口を開いた。

「じゃあ、僕と付き合えば？」

最初から、この人の手のひらの上だったんだと思った。沖縄行きの飛行機に乗る頃には、私たちはもう付き合うことになっていた。


沖縄旅行で初めて判明したことだけど、リョウさんの全身にはびっちりと和彫りの入れ墨が彫ってあった。話を聞くと、どうやら元々は東北の方でそっち系の職業をしていたらしい。こういうタイプの人は初めてだったから正直ちょっとビビったけど、見かけによらずすごく優しい人ではあったし私はそこまで気にしなかった。

むしろそれよりも問題なのは、私はこの人のことを本気で好きになれるだろうか、ということだった。ラウンジ嬢とお客さんが付き合うのはよくあるパターンだしお店的にも問題はないけど、勢いで付き合うことになってしまったこの人と上手くやっていけるかどうかは、全く別の話だ。

クズ男と別れられる解放感と、新しい恋人に対する不安と。割り切れない複雑な気持ちを抱えながら、私は沖縄で新しい年を迎えた。

沖縄から戻ると、私はまず住んでいた家の解約をした。すでに元カレになっていた例の男は「別れたくない」と言ってゴネていたけど、私の知らないところでリョウさんが間に入って追い出してくれたみたいだった。あとでリョウさんに聞いたら「穏便に話をした」と言っていたから、物騒なことは起きていないと信じたい。

すべての手続きが済んだ後、私たちは都内にあるリョウさんのマンションで一緒に暮らすことになった。

吐きダコ

「それって意味ある？」

それが、リョウさんの口癖だった。

「今後も芸能活動続ける意味ある？」

「その友達と会う意味ある?」
「僕以外の人と遊びに行く理由が、本当にある?」

どうして私はいつも、こういう洗脳系の男と付き合ってしまうんだろうか。直接「やめろ」とは言われないんだけど、気付けば私の社会との繋がりはほとんどシャットアウトされていた。芸能をやめて、友達と飲みに行くこともほとんど無くなって、四六時中リョウさんにべったりの生活が始まった。

リョウさんの生活の中心には、いわゆる「裏スロ」があった。その名の通り、違法に営業をするスロット店のことだ。

ラウンジの仕事は続けていたから、その出勤前に良い台を取るために一緒に並ぶ。無事に台を確保できたら私はラウンジに出勤して、深夜お店が終わってからリョウさんを迎えに行く。リョウさんの台がいい感じだったら先に帰って、戻ってくるのをじっと待つ。朝方にリョウさんが戻ってくるのに合わせて、ようやく眠りにつく……。

こんな感じで、むちゃくちゃな生活リズムでの暮らしが続いた。

まあ、ここまではまだ良い。私も元々夜型の人間ではあるし、朝に寝て夜起きるという生活はそこまで苦になることはなかった。

一番しんどかったのは、食生活の方だった。しばらくは落ち着いていた私の摂食障害が、この時期にまた再発してしまうことになるのだ。

私が働くラウンジに初めて来たとき、リョウさんがお店につけたオーダーは「この店で一番痩せてる子を付けてくれ」というものだった。その結果選ばれた私を、リョウさんは一目で気に入ったというわけだ。

一緒に暮らすことになったとき、私はてっきり「体型をキープするために食事を制限しろ」と言われるものだと思っていた。

だけど、その予想は外れた。リョウさんが好きなのは「あまり食べなくて痩せてる子」ではなくて、「よく食べる上に痩せてる子」だった。つまり私に求められるのは、リョウさんの食事にはしっかりと付き合いつつ、絶対に太らないということだ。完全に矛盾しているこの無理難題が、結果的に私の食生活を大きく捻じ曲げてしまうことになった。

そもそもリョウさん自体がすごく食べるのが好きで、しょっちゅう何かを口に入れている人だった。それもピザとか中華とか、高カロリーなものばかりだ。それに加えて昼夜逆転の不規則な生活をしているわけだから、普通に考えて太らない方がおかしい。

どうすればいいんだと考えた結果、私のなかにある解決策が浮かんできた。

――そうか、ぜんぶ吐いちゃえばいいんだ。

中学で過食になったときは吐けなくて苦しかったけど、この頃になると私もだいぶ吐き方が分かるようになっていた。一番の原因は、2回目に芸能事務所に入って拒食症になったあの時期だと思う。身体が食べ物を受け付けなくて吐き出してしまうという感覚が、私のなかにしっかりと刻まれてしまっていたのだ。

毎日大量に食べて、全部吐いて、下剤も飲んだ。もちろん、健康面を考えると最低の生活だ。リョウさんはそのことを知ってか知らずか、特に何かを言ってくるということはなかった。見た目さえキープできれば、あとはどうでもいいと思っていたのだろう。

こんなの良いわけがないと思いながらも、一度始めてしまったものはなかなかやめられない。私は太るどころかむしろどんどん痩せていって、何度も口に突っ込む右手は吐きダコまみれになった。

消えた500万円

リョウさんは仮想通貨の会社を経営していた。私にはよく分からないし正直かなり怪しい感じに見えたけど、それなりに稼いではいるみたいでお金に困っている様子は全くなかった。

ただひとつ問題があって、ギャンブラーでもあるリョウさんはとにかくお金遣いが荒かった。自分のお金で遊ぶ分には、別に構わない。だけど付き合ってから数カ月も経つと、リョウさんは徐々に私のお金にまで手を付けようとしてきた。

最初は、私の貯金から100万円を渡すように言われた。税金の対策がどうとかそれっぽいことを言ってた気がするけど、細かいことは覚えていない。とにかく上手く口車に乗せられて、私の口座にあった100万円はほとんど強制的にリョウさんの金庫に収まることになった。

その100万円は、日によって増えたり減ったりを繰り返した。一体、最初にしていた税金の話はどこへいったんだろうか。私のお金が遊びのギャンブルに使われているのは明らかだった。とりあえず私にもそれなりに貯金はあったし、何かあっても最終的にはリョウさんに取り立てればいいと思っていたので、100万円についてはあまり触れないようにしていた。

一度成功してしまうと、歯止めが利かなくなってしまうのがギャンブラーの困った習性だ。100万円に文句を言わない私を見て「もっといける」と思ったのか、リョウさんの要求はさらにエスカレートしていった。

「僕にお金を預けてくれたら、何倍にも増やせるよ。どうせ100万も預けてくれてることだし、その額が増えても同じことでしょ？　少なくとも、銀行に預けるよりは絶対に得だから」

そんなに上手くいくもんかな、とは思いながらも、私はまた上手く乗せられてさらに多額のお金を預けることになった。もしかしたらリョウさんに影響されて、私の金銭感覚もちょっとずつ狂ってきていたのかもしれない。今思えば、本当に馬鹿なことをしたと思う。

事件が起きたのは、そのわずか1カ月後だった。リョウさんの部下が、会社のお金を全部持って逃げたのだ。そのお金の中には、私がリョウさんに預けていた分も含まれていた。

「アイカが預けてくれてたお金も、全部持って行かれちゃった。本当に申し訳ない」

呆れて、怒る気力も起きなかった。

「そのお金は、返してもらえるんだよね？」

「もちろん。僕が責任を持ってすべて返すから」

リョウさんはそう約束して、実際ちょこちょこお金を返してくれてはいた。だけど色々あって最終的にお別れをするまでの間に、結局すべてを回収することはできていないと思う。お金のやりとりはしょっちゅうしていたから正直ちゃんとは把握できていないけど、トータルで５００万円近くは取られた計算になる。

ワボとヨボ

不規則な生活、最低な食生活、そしてお金のトラブル。ここまで嫌なことが重なると、さすがに「この人と付き合ってて意味あるのかな？」という気持ちも湧いてくるものだ。ちょうどそのあたりのタイミングで、私はちょっといいなと思う男の人と新しく知り合った。

その人も、全身に入れ墨が入っている人だった。リョウさんのような和彫りではなくて、洋彫りのおしゃれタトゥー。リョウさんが和彫りのワボさんなら、その彼は洋彫りのヨボくんだ。何度か会ううちに本当に好きになって、私はだんだんヨボくんの家に入り浸るようになっていった。

リョウさんにもヨボくんにも、当然お互いの存在は知らせていなかった。リョウさんがスロットを打っている間にヨボくんのところにいて、朝方になるとリョウさんが帰ってくる家に急いで戻る。そんな無茶苦茶な二重生活をしばらく続けた。

リョウさんは、私の変化を敏感に察知した。

「アイカ、最近変じゃない？　もしかして、別の男と会ったりしてるのかな？」

そうなったのはあんたのせいだ。腹が立った私はすぐに言い返した。

「そうだよ、だって仕方ないじゃん。仕事も何やってるかよく分かんないし、そのくせお金遣いも荒いし。正直、リョウさんと付き合ってる意味が分かんなくなっちゃった」

これには、さすがのリョウさんも焦ったみたいだった。その数日後、心を入れ替えたというリョウさんから話があると言われた。

「ここ数カ月のことは、本当に申し訳なかった。アイカにきちんと安心してもらえるように、今の仕事は辞めて新しく焼肉屋を経営しようと思う」

「何それ、本当に大丈夫なの？」

私が問いただすと、リョウさんは力強く頷いた。

「大丈夫、上手くいくから。それと、アイカのプライベートについて色々言っちゃったことも謝りたい」

「プライベート？」

「そう。これからはもう、アイカが僕の家に帰らない日があっても何も言わないから。最終的に僕のところに戻ってきてくれるんなら、それでいい。どうかな？」

「……わかった、じゃあそういうことで」

こうしてなんと、ヨボくんとの浮気はリョウさんの公認ということになった。それでもさすがにヨボくんにリョウさんのことを打ち明けることはなかったけど、生活は自由が利くようになって少し楽になった。

救急搬送

リョウさんはすぐに、都内に焼肉屋をオープンさせた。場所が観光地だったこともあってかそれなりに盛況で、宣伝も兼ねてたまに私もバイトしに行った。最初は楽しくやっていたし、割とボロボロだった私の精神状態も、ようやくこのまま安定していくんだろうなと感じていた……はずだった。

自分で書いてても嫌になるけど、なんとその焼肉屋でも私はまた大きなトラブルにぶつかることになる。上り調子になったと思ったらすぐに下がって、その壁を越えたらまた新しい壁にぶちあたって。ひたすらそれを繰り返すのが、どうやら私の人生のお決まりのパターンのようだ。

焼肉屋が最初につまずいたのは、コロナウイルスだった。街から人が消えて、それどころかお店を営業すること自体もだんだんと難しくなっていった。焼肉屋のような飲食店がそのせいで大打撃を受けたというのは、誰もが知っていることだろう。

さてお店をどうしようかという話になっていたところに、もうひとつ大事件が起きる。下剤の飲み過ぎで、とうとう私の身体が限界を迎えてしまったのだ。

その日私は下剤の飲み方を失敗して、1日中便器に齧り付いていた。

「あー、これ本当に死んじゃうやつかも」

身体中の激しい痛みで朦朧としながら、そんなことを考えていた。どれくらい時間が経ったのだろうか、さすがに心配になったリョウさんが様子を見にきた時には、私はすでに意識を失っていたらしい。気付いたら救急車に乗せられていて、そのまま入院することになってしまった。

「下剤の飲み過ぎで、排泄する機能が極端に弱っています」

お医者さんの口ぶりからして事態は思ったよりも深刻そうで、何やら難しいことをたくさん聞かされたが、よく理解できなかった。とにかく点滴を打ちながら、安静にしましょうという話になった。


驚いたのは、それから数日経ってからのことだ。私の身体が、上手く排泄できなかった水分でぶくぶくとむくみ始めたのだ。気付けば体重は10キロも増えて、横になっていると心臓に圧がかかって苦しいほどだった。そこでようやく、自分の身体になにが起きているのかを理解した。

「お若いので、今すぐに薬をやめればまだ間に合います。苦しい戦いにはなると思いますが、頑張れますね？」

先生の言葉に、私はただ頷くことしかできなかった。

薬は当然すべて没収。健康的な食事と、適度な運動。先生の言った通り、かなりしんどい入院生活だった。特効薬があるわけでも、「これさえやれば大丈夫」という運動があるわけでもない。ただただ、気合いで乗り切るしかなかった。

「どうしてこんなになるまで放っておいたんですか！　アイカさんは、深刻な摂食障害ですよ！」

診察の時間、付き添ってくれたリョウさんは先生に怒られていた。

摂食障害。その時は私もしっかりとした意味はわかっていなかったけど、当事者でもないリョウさんはさらにポカンとした様子だった。

「摂食障害は心の病気なので、本来はウチのような内科ではなくて精神科で診てもらうのがいいでしょう」

「心の病気？　どういうことですか」

わけがわからないという顔をしながら、リョウさんが先生に詰め寄る。

「アイカは別に病んでるわけではないですよ？　ご飯もちゃんと食べてるし」

あー、やっぱりこの人は私のことを何も理解してくれてないんだな。私が陰で下剤を飲んだり大量の食べ物を吐いたりしてることなんて、全然知らないんだ。リョウさんの的外れすぎる発言を聞いて、絶望的な気持ちになった。

「とにかく、ウチでできる最低限の処置はしますから。精神科については、またお2人でしっかりと話し合われてください」

先生は呆れたような顔でそう言い残した。

リョウさんがこんな調子だったから、私の入院生活はかなり孤独な闘いだった。

約1週間後、なんとか数値は正常に戻り退院することができた。

だけどこの時の後遺症はまだ残っていて、私は今でも病院から処方された整腸剤を飲みながら生活している。

私の決断

退院してからリョウさんに聞くと、焼肉屋は一旦閉めてしまって、改めて千葉に新店舗をオープンさせようという方向で話がまとまっているとのことだった。

「そこでお願いなんだけど、アイカも千葉に来てお店を手伝ってくれないかな？」

このままリョウさんに付いて行くか、それとも公認の浮気相手であるヨボくんを選ぶか。いよいよ、決断が迫られる時だった。

友達にもたくさん相談したし、自分の中でも本気で迷った。リョウさんのことは正直そこまで好きではないけど、それなりに生活は保証してくれる。一方でヨボくんのことは本気で好きだけど、リョウさんほどの安定は得られない。究極の2択の間で揺れながら、私はかつてのママに自分を重ねていた。

まーくんか、別のお金持ちの人か。ママはこの2択で、本気で好きなまーくんの方を取った。私に選ばせる形ではあったけど、きっとママの中で答えは決まっていたし、私もそれを察してまーくんの方を選んだ。

——じゃあ、今の私はどうする？

散々迷った挙句、私はリョウさんの方を選んだ。心のどこかにママのようにはなりたくないという反抗心があったのかもしれないし、もしくは「安定・安心」というものへの強い憧れがそうさせたという可能性もある。理由は、上手く言語化できない。


この判断は、正しかったんだろうか？

自分でも、その答えはいまだに分からないままだ。

05.

チキンナゲットと／病院食

YouTuberデビュー

お店を千葉に移すまでの準備期間のあいだに、私はYouTuberとしてデビューすることになった。リョウさんに「僕が事務所を立ち上げるから、やってみない？」と説得されて、始めることになったのだ。

ひとりでは自信がなかったから、友達のマイカちゃんも誘って2人でチャンネルを立ち上げた。『あいまいスラング』って名前で、今も検索すれば普通に出てくるはずだ。

このYouTubeが原因で、私の生活は人生で一番の地獄に突入していくことになる。下剤も克服して、健康な生活を目指して頑張っていこうと思っていた矢先に、それまでとは比べものにならないほどのキツい摂食障害に陥ってしまったのだ。

大量に食べて、大量に吐く。リョウさんとの暮らしのなかで初めて私に出た「過食嘔吐」と呼ばれるこの症状が、ついにピークを迎えた。私の身体と心は、この過食嘔吐によってすさまじい速度で壊れていった。

きっかけは、「チキンナゲットを2人で100個食べ切る」という企画だった。いわゆるYouTuberっぽい、分かりやすい企画が好きなマイカちゃんが持ってきてくれた企画だ。

結果から言うと、この動画は完全に企画倒れになってしまった。私もマイカちゃんも用意されたナゲットを思ったより食べることができず、どうしようもないほどグダグダになってしまったのだ。

「一見食べられなさそうな子が完食するから、みんな面白いと思って見るの。わかる？　食べられなさそうな子が本当に食べられなくてどうすんの？　これじゃ全く話になんないから」

撮影後のミーティングで、スタッフさんにかなり怒られた。

このままでは大食い系の企画は全く成立しない。どうすればいいだろう。そこで思いついたのが、例の過食嘔吐だったというわけだ。すでにやり方は習得していたし、これは使えると思った。

ひとつの大食いを達成したら、次はもっと量が多いものを。それもまたクリアしたら、さらに過激なものを。日に日にスケールアップしていく企画を過食嘔吐を使ってなんとかこなしていくうちに、自然と私の胃のキャパシティも大きくなっていった。これは非常に良くないループだ。

気付けば私は、一度にとんでもない量を食べられるようになっていた。いや、正確には「吐けるように」なっていたと言った方が正しいかもしれない。一旦は胃の中に入れても結局すべて吐き出してしまうわけだから、実質なにも食べてないのと一緒だ。嘔吐による胃酸で、すぐに歯がボロボロになった。

そしてある程度の数をこなすうちに、私にとってとても困った変化が訪れた。だんだんと「胃の中のものをすべて吐く」というその行為自体が、快感になってきたのだ。

「太りたくないから吐く」のと「気持ちいいから吐く」のとでは、その意味も危険性も全く違ってくる。どんどん後者の方に寄っていった私の脳みそは、着実に嘔吐の快感にむしばまれていたのだろう。

吐いてる間は頭が真っ白になって、何も考えられなくなる。最初は当然苦しいけど、だんだんその感覚がクセになってきて、最終的には「最高に気持ちいい」に変わっていった。
そして吐き終わった後は急激に血糖値が下がるから、1時間ほど気絶するみたいに休憩して、起きたらまた食べ物を探しに行く。ここまできたら立派なゾンビだ。

45リットルの大きなゴミ袋が、まるまる3袋分。
これが最終的に私が1日で食べられるようになった量であり、吐けるようになった量だ。ハンバーガー10個、パスタ3キロ、Lサイズのピザを2枚、そしてアイスクリームを5個と菓子パン10個……。挙げだしたらキリがないけど、とにかく明らかに普通の人間の許容量を超えていた。

食べ吐きの知識

何度も食べ吐きを繰り返したり、色々とやり方を調べたりするうちに、自分なりの方法論やその界隈の知識もだいぶ付いてきた。私が「摂食障害」や「過食嘔吐」という言葉をきちんと認識しだしたのも、この時期だったと思う。

まず、吐き方は大きく分けて3種類ある。1つめはシンプルに指を突っ込む「指吐き」、2つめはお腹の力を使って吐く「腹筋吐き」、そして3つめは蛇口に繋いだチューブを胃の中に突っ込んで水を流し込み、そのチューブを抜いた勢いで吐く「チューブ吐き」だ。

特にチューブ吐きは、界隈でも本当にヤバいと言われていた。これは主に指や腹筋を上手くできない人が強制的に吐くための方法なんだけど、「一度手を出してしまうと、もう〝こっち側〟には戻って来られない」と聞いたことがある。

私は最初指吐きをしていたけど、途中から腹筋吐きの方が楽だと気付いてそっちに切り替えた。過食嘔吐の界隈では「指とチューブは努力、腹筋は才能」と言われていて、どうやら私にはその才能があったみたいだ。

これくらいの水分を摂って、これくらいの時間おいて、これくらいジャンプして、これくらいの角度で、これくらいの力を入れたら、上手に吐ける。何度も繰り返す中で、自分なりのやり方を身体に覚え込ませていった。

他にも私は、より正しく吐けるように胃の中に「底」を作るという方法も覚えた。

過食嘔吐の世界では、最も気持ちが良いのは「完吐き」だと言われている。これは名前の通り、胃の中のものをひとつ残らず完全に吐ききることを指す言葉だ。自分がきちんと完吐きできたかどうかを確認するためには胃に底を作っておくのが一番効率が良いということで、私はこの手法を覚えた。

底と言うくらいだから、これは最初に胃に入れる必要がある。底にする食べ物は分かりやすい色がついていて、さらに重さがあって沈みやすいものじゃないといけない。そうしないと、底が途中でどんどん浮いてきてしまうのだ。

これをある程度食べて底ができたら、あとは好きなものを順番に胃に流し込んでいくだけだ。これ以上は本当に無理、と思うまで死ぬほど食べて、胃の中が極限までパンパンになったら、次はいよいよ吐き出すステップに移る。

吐き出すとは言っても、全部が1回で出るわけではない。何回かに小分けにして、少しずつ胃の中を空っぽにしていくのが普通だ。ちなみにこのとき一番上の層、つまり最後に食べたものから順番に吐いていけるのが、最も理想的だとされている。

時間をかけて何度も吐き、最後に下に沈んでいた色付きの「底」が出れば、完吐きは大成功。要するに底とは、「これで胃の中にあるものは最後ですよ」という目印のような存在なのだ。

そんなわけのわからないことをストイックに研究しながら過食嘔吐を繰り返す私を見て、リョウさんは完全に戸惑っていた。

「なんでそんなに食べちゃうの？　なんで全部吐いちゃうの？」

と心配そうに質問を重ねてくるリョウさんには、もはやいつものような冷静さはなかった。そして厄介なのが、私の方も自分がどういう状態なのかを上手く言語化することができなかったことだ。

「分かんない。私、おかしくなっちゃった。危ないとは分かってるけど、どうしても止めらんない」

今はだいぶ整理できているけど、その時は私もリョウさんと同じようにパニック状態だった。

「環境を変えたら、何か変わるかもしれない。もうすぐ千葉に移動できるから、そっちではもっとのびのびやろう」

さすがにこれは無視できないと思ったのか、リョウさんは色々と手を尽くしてくれた。

やめられない過食嘔吐

私たちが千葉に移ってから、リョウさんは気を紛らわせるためにゲームを買ってくれたり、軽い運動ができるように自転車を買ってくれたりした。分からないなりにも、それなりに私のことを考えてくれていたのだろう。

その気持ちはありがたかったけど、残念ながら何も手に付かなかった。私は引っ越した先でも狂ったように過食嘔吐を繰り返し、さらに深い沼へとはまっていった。もはやYouTubeの企画も何も関係なくて、プライベートでも自分で食べ物を大量に買い込んでは食べ吐きをするという毎日が続いた。

「それなら」ということで、私が勝手に食べ物を買わないように生活費をすべて没収されたこともあった。だけどこれも、あまり効果がなかった。その時はもうお店には出ていなかったけど、ラウンジ時代のお客さんを頼ることで、どうにかこうにかお金を調達することができてしまったのだ。

「いますごく体調悪くて、通院費が必要なのに働けないんです」

そんな感じで適当なウソをついてお客さんに泣きつけば、みんなお金を出してくれた。実際病的にガリガリではあったし、誰も私がウソをついているとは思わなかったのだろう。

そうなると、リョウさんはいよいよお手上げだった。これは後で聞いた話だけど、私に隠れてこっそり病院に相談もしていたみたいだ。

「医者からは無理に止めたらダメだって言われたよ。我慢したら逆にストレスになって、それが原因で死んじゃう人もいるって」

リョウさんは本当に困り果てた様子で、私にそう話してくれた。

ちなみに一緒にYouTubeをやっていたマイカちゃんは、私の過食嘔吐についてはよく分かっていなかった。たぶん話をしたこともあったとは思うけど、その時も「摂食障害？　なにそれ？」っていう感じで全く気にしている様子はなかった。

命懸けの大手術

そんなボロボロの状態で、私はまた新たに整形手術を受けることを決めた。顔の骨を切って骨格自体を矯正するという、とんでもなく危険な大手術だ。

元々ずっとやりたかった手術で、そのためにコツコツお金も貯めていた。本当は韓国に行ってやるはずだったけどコロナのせいでそれもできなくなって、大急ぎで日本の病院を探して予約していたのだ。

カウンセリングの時、病院の先生にはかなり怒られたし、説得もされた。冷静に考えれば当たり前だ。全身麻酔に耐えるためには最低でも40キロは欲しいと言われていたのに、その時の私は34キロしかなかった。

「最悪の場合、身体が耐えきれなくて死んじゃうかもしれないよ。もう少し体調が安定してからでいいんじゃないの？」

完全に正論だしおっしゃる通りなんだけど、私は「絶対にいまやりたいです」

と言って譲らなかった。ただでさえ、ずっと受けたかった手術がコロナで延期になってしまっているのだ。これ以上我慢はしたくなかった。

もっと言えば、「別に死んじゃってもいいかな」という思いもどこかにあった。こんなに毎日しんどい思いをするくらいなら、ここで終わりにしちゃうのも悪くない。先生は「考え直したら?」と言うけど、私にしてみれば考えれば考えるほど、手術を諦める理由はどこにもなかった。

私が一歩も譲らなかったので、最終的には先生からもGOサインが出た。

これで最後かな。みんなさようなら。

迎えた手術の当日。恐怖と言うよりはむしろ大きな安心感に包まれながら、私は全身麻酔の深い眠りに落ちていった。

32キロの私

――あ、生きてるんだ。

目を覚ましてまず、そう思った。

私は集中治療室のベッドに横たわっていた。身体からは何本もチューブが伸びていて、骨を切った上顎の部分は特殊な器具でガチガチに固定されている。知らない人からしたら、事故に遭って大手術をした患者さんみたいに見えることだろう。まあ、ある意味それも間違ってはいない。

生きていたら生きていたで、案外私は明るい気持ちだった。とりあえず手術は成功したみたいだし、それに加えて入院中の1カ月間、顎が一切動かせない。ということは、この期間で強制的に過食嘔吐が治るのではないか、と思ったのだ。

だけど我慢できたのは、最初の1週間だけだった。結局衝動が抑えきれなくなって、毎日出される液状の離乳食で試してみたら、吐くことができてしまった。

顔全体が骨折してるみたいな状態だから、もちろん吐くときには激痛が走る。それでもやめることはできなかった。それまで食べていた固形物ほどの快感はないにせよ、液体を吐くだけでもある程度気持ちは落ち着いた。

この入院中の期間が、私の人生のなかで一番痩せている時期だった。体重は、なんと32キロ。無理なダイエットをしていた中学のときよりもさらに軽かった。ＢＭＩは約12しかなく、「痩せすぎて危険」とされる数値を大きく下回っていた。脳みそが小っちゃくなって、爪は全部はがれて、髪もバサバサで、身体からはなぜかバナナのような甘い匂いがして。過食嘔吐が末期の人はみんなそうなるんだけど、この時の私はまさにそんな感じだった。

そうこうしているとあっという間に1カ月は過ぎて、退院の日を迎えた。ガリガリで生気のないまま、私は迎えに来てくれたリョウさんと一緒に家に帰った。

再び強制入院

退院してすぐに、信じられないことが起きた。

ほとんど休む間もなく、私はまた別の病院に入院することになってしまったのだ。

その日私は、切れてしまった睡眠薬を貰うためにとある病院に行った。初診だったから色々と検査を受けて、最後に先生の問診を受けるという流れだった。

「……それで、睡眠薬は処方してもらえますか？　眠れなくて本当に困ってるんですけど」

どうしても薬が欲しかった私は、前のめりになって先生に聞いた。

「いえ、それ以前にあなたの身体には重大な問題があります」

「どういうことですか？」

「とにかく今日、家に帰すことはできません。今すぐに入院してもらいます」

「入院⁉　なんでそうなるんですか？」

「いいですか、あなたの心臓は普通の人の半分しか動いていません。はっきり言って、いつ死んでもおかしくない状態です」

こうして、私の入院は強制的に決まってしまった。すぐにＰＣＲ検査を受けさせられて、夕方には結果が出るからその時にまた戻ってきてください、という指示を受けた。

夕方までの数時間が、入院までの最後の自由時間だ。この時間に何をするべきか？　考えるまでもなかった。私は大急ぎで自宅まで帰って、手当たり次第に食べ物を胃の中に放り込み始めた。

――どれくらい時間が経ったのだろうか。気持ちよく吐き終わって気絶していた私は、病院からの電話で目を覚ました。

「大丈夫ですか⁉　今どこにいますか⁉」

たぶん気づかないうちに何回も電話がかかってきていたのだろう。向こうの声はかなり焦っている感じだった。

「すみません、大丈夫です。実はいま……」

私は過食嘔吐のことを、包み隠さずすべて病院側に報告した。

これは思っていたよりも深刻そうだ……おそらく向こうもそう判断したのか、私はカメラ付きの部屋で、24時間監視されながら入院生活を送ることになった。

モンスター

心臓が上手く動いてないなんていきなり言われても、よく分からなかった。

言われてみればたまに痛む日もあったかもしれないけど、正直「だから何なの？」って感じだ。

——別に死んでもいいんだけどな。

メンタル的には、骨を切る手術を決断したときの状態に逆戻りしていた。

毎日毎日、ひたすらに食べては吐き出すだけのモンスター。それが、私のありのままの姿だった。そんな人間が生きてる価値とか意味って、本当にあるのだろうか。萎縮して思考能力が鈍ってしまった脳みそで、そんなことをぼんやりと考えていた。

ママとパパに「死にたい」とLINEをしたこともあった。久しぶりに娘が連絡してきたと思ったらこれか、と驚いたことだろう。ママは「私だって辛い」と自分の話を始めて、パパは「馬鹿なことを言うのはやめなさい」と優しく諭してくれた。2人とも変わらないな、とある意味懐かしくはなったけど、別にそんなことは毒にも薬にもならなかった。私はすべてに対して絶望していた。

リョウさんはそんな私のことを心配してくれてはいたけど、私はやっぱりこの人のことを心の底から好きになることはできずにいた。たしかに、部分的に見れば優しいところもあるのかもしれない。それでも彼を頭に浮かべて真っ先に出て来る感情は、どうしてもマイナスなものばかりだった。

あんたのせいでこうなったんだから、私が死ぬとこちゃんと見とけよ。

もし可能であれば、本人に直接そう伝えてやろうかとすら思っていた。

交換日記

そんな感じでかなり後ろ向きで始まった入院生活だったけど、せっかく入院したからには、きちんと治るように努力だけはしてみようと思った。先生たちはすごく親身になってくれたし、それを押し退けてまで不貞腐れ続けているのもなんか違うな、と思ったのだ。

入院初日、私のベッドのところまで看護師さんが来てくれて少し話をした。

「アイカさん、私たちで何か約束事を決めましょうか」

「……約束事?」

「そう。いきなり過食嘔吐をすべて抑えるのは難しいと思うから、たとえば食後から最低30分は吐かずに我慢するとか。そうやって少しずつ治していくのがいいと思うんです」

なるほど、それは確かにそうだ。さすがにプロの言うことは理にかなっている。だけど私には変に完璧主義なところがあって、少しでも逃げ道があるとそこに甘えてしまうのではないかという心配もあった。

それなら、どうするのがベストだろう。少し悩んだ後、私は看護師さんに向かって力強く宣言した。

「1日3食、出されたものすべて完食して一切吐かないようにします。せっかくなら完治を目指したいです」

向こうは少し驚いた様子だったが、私の申し出を受け入れてくれた。もし苦しくなったり、我慢できずに吐いてしまったら正直に報告すること。そう条件をつけ加えて、看護師さんは部屋を出て行った。

宣言したはいいけど、特にリハビリとかがあるわけでもなく、私はただただ暇な毎日をぼーっと過ごすしかなかった。というか、そうやってぼーっとすること自体が大事な治療の一環だった。

「とにかくしっかり食べて、安静に」

先生たちからは、それればかり言われた。

「カロリー使っちゃうから、考え事をするのも禁止です。スマホも必要最低限にしてくださいね」

週に一度、身体を拭いてもらうとき以外は、基本的にベッドの上から一歩も動けない生活が続いた。


娯楽もなくダラダラと過ぎていく毎日に、正直かなりストレスが溜まっていた。そんな私を見かねて、ある日担当に付いてくれた看護師の金田さんが、おもしろい提案をしてくれた。思ったことをなんでも伝え合えるように、交換日記を始めようというのだ。

これはすごく嬉しい提案だった。人と話すのが苦手な私だけど、文章を書くのは好きだったたし、日記という形であれば思っていることをうまく整理できるかもしれないと思ったのだ。

「ぜひお願いします！」

その日から、私と金田さんの交換日記が始まった。

・12月29日（火） 金田さんへ

いざとなると吐いてしまう自分が、食べてしまう自分が、何かに取り憑かれて、自分じゃないみたいで怖いです。

中1から事務所に入ってずっと仕事をしていました。周りよりずっと早く仕事を始めて、みんなが放課後マックに行ったりファミレスに行ってる間、私はずっと走っていました。ずっと羨ましくて、でも痩せるとみんなに羨ましがられて、事務所から褒められて、お母さんが喜びました。

「細くて羨ましい」、「スタイル良くて憧れる」。SNSのフォロワーはあっという間に数万人になって、そんなコメントばかりです。

その言葉が麻薬みたいに頭から離れなくて、快感でした。

・12月30日（水） アイカさんへ

正直に話してくれてありがとうございます。話してくれたという事実が、まず嬉しいです。安心なことが増えるように、起きた出来事を解決につなげられるように、いろいろと考えていきましょうね。長くなっても大丈夫です。このノートを手がかりに、やり取りできればと思います。

・**1月2日（土）　金田さんへ**

私の中には摂食障害を本当に治したい自分と、治したくない自分が常に共存しています。「摂食障害を治したい、でも手放すのが怖い」のはなぜか？

・頑張って痩せた努力の証を手放したくない（今の体が異常だとわかっているのに）
・何かうまくいかなかったときの言い訳が欲しい
・「病気である＝他の人より頑張って生きている」という誇りが欲しい

これが私が強い意志を持てず、不安な理由です。

・**1月3日（日）　アイカさんへ**

摂食障害を治したいアイカさんと、治したくないアイカさんがいるのですね。

それに支えられた、救われた、心地よかった、スッキリした経験を得てしまったがゆえに、治す・手放すことに不安や怖さがあるんですね。

私はそれを否定はしません。ただ、過食嘔吐以外に選択できるものを見つけ、アイカさんの考え方や感じ方が少しでも良い方向にむかえばなと思います。


誰にも相談できなかった摂食障害のこと、そしてそこに至るまでの内面について。ようやく自分の話を理解してくれる人が現れたと思って、隠し事は一切なしで洗いざらいを金田さんにぶつけた。

金田さんは、そんな私を優しく受け止めてくれた。それがどれだけ、心の支えになったことか。この入院生活をなんとか乗り切れたのは、金田さんの存在があったからだといっても過言ではない。

外泊でのトラブル

ただ治療に関しては、正直言ってノーミスというわけにはいかなかった。

たまに許された外出時間にコンビニに行ってしまって、こっそり食べ物を買ってトイレで食べ吐きをしてしまったことも何度かある。

「ごめんなさい、実は黙ってやってしまいました」

正直に金田さんに話すと、

「大丈夫。また次から頑張っていきましょう」

と励ましてくれた。

そして特に苦労したのが、上手く日常生活に戻れるようにとたまに設けられる外泊の時間だった。最初の頃、外泊のときはリョウさんと暮らしていた家に戻ることにしていた。また元の暮らしに戻るんだとしたら、リョウさんに病気について理解してもらうのはどうしても必要なことだった。

だけどリョウさんは、いつまで経っても私を理解してくれようとはしなかった。彼は私と真逆で、とてもメンタルが強いタイプの人だ。いくら私が相談しても、

「大丈夫。ぜんぶ気の持ちようだから」

「アイカは深く考えすぎだよ」

と相手にしてくれないのだ。

とはいえ私にも、悪いところがなかったわけではない。２人とも真剣に話をするような雰囲気が苦手で、ちゃんと話しておかないといけないことでも、どうしてもふざけたり茶化したりしてしまいがちなところが私たちにはあった。

金田さんにも相談して、「次の外泊のときに、勇気を出して真剣に彼と話してみましょう」ということになった。


迎えた外泊日。

「せっかくの外泊だから、お昼は思い切って居酒屋にしちゃおうか？」

「あ、でもまたアイカの食欲が爆発しちゃうか（笑）」

リョウさんは行きの車から、バシバシと私の地雷を踏みまくってきた。冗談のつもりなのか何なのか知らないけど、さすがに無神経すぎて腹が立った。

「居酒屋なんて無理だよ……」

「あれ、怒っちゃったかな？　アイカはすぐ拗ねちゃうから、僕も話しづらいんだよね」

ずっとこんな調子で、途中からはイライラしすぎて黙っていることしかできなかった。

家に着いていざ真剣に話を聞いてもらおうとしても、案の定リョウさんの態度は全く変わらなかった。

「そろそろ真剣に、病気について聞いて欲しいんだけど……」

「真剣って言ったって、要は吐かないようにするしかないんでしょう？」

「いや違くて、吐かなくても過食してしまうこと自体がしんどいんだよ」

「食べすぎかぁ。僕だって食べすぎちゃうことくらいはあるよ」

「そうじゃなくて！　ちゃんと本気で理解しようとしてくれてる？」

「だから、アイカは考えすぎなんだって」

もうダメだと思った。この人には何を言っても無駄だ。特に「カロリーなんか考えなきゃいいんだよ」と言われたときは本気でムカついた。こっちはそれができないから病気になって、入院までして、毎日不安と闘っているのだ。それをリョウさんはまるでわかってくれない。

この一件で、この人との関係は、そろそろ本気で終わらせてしまった方がいいのかもしれないと思った。

・1月31日（日）　金田さんへ

見せつけるように食べ吐きをするのが、彼氏に対する嫌がらせになっていたのですが、本当の嫌がらせは、私が彼に依存しなくなって、幸せになって、自立することだと思いました。

理解してもらえないし、人の心に土足で踏み込んでくるようなら、私は自力で変わって自力で幸せになって見返してやる。そのためには過食嘔吐はしない方が良い。という結論に至りました……。

その時が来たらサッと離れることができるように、まずは健康になってキモチもカラダも自立しておきたいです。

あれだけストイックに食べ吐きをできたし、ストイックに体重を減らせたんだから、今度は自分の幸せのためにストイックになろうと思えました。

・2月7日（日）　アイカさんへ

とてもよく振り返りができていて、気付くことがたくさんあってよかったなと思いいます。いいときも、よくないときも、人から影響を受けてしまったとしても、アイカさんにとって何が幸せと感じるか、心地いいかの感覚を大事にしてくださいい。文字に起こすことで、思ったことや考えたことが整理されて、良い方向にいっているように感じます。

帰る場所

自分にとってリョウさんの存在がどれだけストレスになっているのか気づけたのは、入院して良かったことのひとつだった。

ただ同時に問題もあった。私の退院日が、だんだん迫ってきていたのだ。リョウさんとの紆余曲折はありつつも、基本的に私はかなり治療を頑張っていたと思う。周りからも「アイカさんは本当にすごい。優等生だよ」と言ってもらえたし、自己評価が極端に低い私からしたら珍しいほど、自分を褒めてあげたい気分だった。

体重も順調に増えて、30キロ台前半だったのが気付けば40キロを超えるまでになった。ボロボロの爪もしっかり生えてきて、髪の毛や肌のツヤだってどんどん良くなっていく。これはモチベーションにも大きく繋がったし、体調が段違いに良くなっていくことには素直に感動した。

回復期にはどうしても鬱っぽくなることもあったけど、先生たちは「よくあることだから大丈夫。今はゆっくり寝て身体が慣れるのを待ちましょう」と、しっかりメンタル面のケアもしてくれた。

完璧ではないにしても順調に回復していく私を見て、診察のときに「退院」という言葉が出てくるようになった。嬉しい反面、リョウさんとの関係を切ろうと考えていた私にはもう、帰る場所がないという不安もあった。

どうしようかなーと考えていると、ママが「しばらくはウチに帰ってきてゆっくりしたら?」と提案をしてくれた。ママの言葉に従うとしたら、実家に戻るのはこれで人生2回目だ。正直、それはそれで色々なストレスがかかってきそうだなと思ったけど、まあリョウさんのところに戻るよりは絶対に良いだろう。

私はとりあえず次回の外泊先を、実家に変更してみることに決めた。

ママと妹

実家での外泊は、想像していたより格段に穏やかに過ごすことができた。症状が全く出なかったわけではないけど、それでも久しぶりに会う妹や飼っている猫たちと触れ合う時間はとても幸せに感じた。私は、なんだかんだ言ってこの家の娘なのだ。

ママは……まあ、良くも悪くもいつも通りという感じだった。久しぶりに私が帰ってきたことを一応は喜んでくれているのか、大量のお菓子やジュースを買い込んできた。当然、食事の量を管理する必要がある私は食べることができない。

「私も要らない」

ダイエット中だという妹も、私と同じようなリアクションだった。

「聞いてよお姉ちゃん。ママ、いつもこうやって私のダイエットを邪魔してくるんだよ」

そう私に訴える妹に、ママは不服そうに反論した。

「そんなこと言わないの！　若いうちからダイエットなんかしたら、アイちゃんの二の舞になっちゃうよ！」

ママは、平気でこういうことを言えてしまえる人だ。わかってはいたつもりだったけど、これはさすがにグサッときた。私はあなたに言われて無理なダイエットをして、今こんな状態になっちゃってるんだけどな……。それでも私は言い返すことができずに、「ハハハ……」と苦笑いで誤魔化すしかなかった。

2人の様子を見ていると、どうやらママは私のいない間に、妹にべったりと依存してしまっているようだ。せめてこの子だけは、私みたいに悪い影響を受けないように気をつけてあげないといけないな、と感じた。

理解されない病気

数回の外泊をこなし、身体の方も徐々に回復してくると、次は面談の時間が設けられることになった。先生の話では、摂食障害になるほとんどの人が共通して、その原因を辿っていくと家庭環境にぶつかることが多いらしい。そしてもちろん、私もそのひとりだった。ということで、ある日病院にママが呼び出されることになった。

摂食障害を知らない人に、そこに至るまでの過程や症状を説明するのはかなり苦労する。普通の人にとっては馴染みのない病気だし、ましてやそれに対して理解や共感をしてもらうことなんて、ほぼ不可能と言っていいほど難しいからだ。

実際ママも、私がいまどんな状況に置かれているのかあまり理解できていない様子だった。もしかしたら自分に原因があることを認めたくなかっただけかもしれないけど、そのあたりの真意は分からないし別に知りたいとも思わない。

私は、固形物が食べられない私にパンの差し入れを持ってきたり、私の病気をやたらとリョウさんのせいにしようとするママの姿を見ながら、

「まあ、そんなもんだよなあ」

とどこか冷めた気持ちだった。

「とにかくご家族のみなさんも、アイカさんの病状をしっかりと気にしてあげるようにしてください」

先生は辛抱強くママに説得をしてくれていたけど、正直なところそれもどこ

まで響いていたのか分からない。特に有意義な時間だったというわけではなく、面談のプログラムはなんとなく消化されていった。

ママという存在

思えば私の人生は、良くも悪くもずっとママに影響されてばかりだった。

「結局アイカはさ、お母さんのこと好きなの？　嫌いなの？」

他人にママの話をすると、よくそう聞かれる。その答えは、私にもいまだに分からない。良き相談相手であり、友達のようでもあり、私を縛りつける絶対的な存在でもあるママ。

「それ、いわゆる毒親ってやつだよ」

そう言われたこともあるし、それも一理あるかもしれない。

だけど私の中でママという存在は、そんなに簡単に割り切れるようなものではないのだ。外泊のとき、久しぶりにママの顔を見た時に思わず溢れた私の笑顔は、紛れもなく本物だったから。重要な決断をするときに真っ先に頭に浮かぶのは、やっぱりママの顔だから。

きっと私はこれからも、ずっとどこかにママの存在を感じながら生きていくことになるんだろう。この気持ちに答えが出ることは、たぶんこれから先もないような気がしている。

カウンセリング

治療のプログラムとして、もうひとつ重要なものがあった。カウンセリングだ。

私は、どういう人間なのか。何を考えて、ここまで生きてきたのか。先生と一対一で話をすることで、「自分」というものを徹底的に見つめ直した。

周りの友達が仕事や結婚で上手くいって幸せそうにしているなか、自分は仕事もせずにただ食べて吐いて、男の人に嘘ついてお金貰って、好きでも無い彼氏と一緒にいて。

――自分には何もない。

ずっと、そう思っていた。他人と比べて、相対的な評価でしか自分のことを見ることができなかった。そんな私の考えを、先生や金田さんは辛抱強く、そして優しく諭してくれた。

「あなたはそのままで十分魅力的な人なんだから。大丈夫」

このときにかけてもらった言葉たちは、今でも大切なお守りとして胸の中にしまってある。

「ご飯を3食吐かずに食べられて、ぐっすり眠って散歩して。花が咲いてて、空も綺麗で。それだけで、幸せだと思わない？」

確かに、その通りかもしれない。そんな気持ちになったのは、一体いつ以来だろうか。そもそも私は一度でも、そういう気持ちになったことがあっただろうか。分からない。分からないけど、今からだってきっと遅くはないはずだ。

先生の言う「ありきたりな幸せ」を、私は少しだけ信じてみようと思った。

それぞれの事情

退院が近づくにつれて院内での行動も自由が利くようになり、他の患者さんが多く集まるロビーで過ごす時間が増えた。穏やかな人、イライラしている人、私よりも若い子もいれば、ママよりも年上に見える人もいる。

世の中には本当に色んな人がいて、みんなそれぞれの事情があってここに入院しているんだ。個室から出て人間観察をしていると、そんな当たり前の事実に気づかされて、ハッとした。

みんなそれぞれの生き方をしているんだから、私だってもっと自分のペースで生きてみてもいいのかもしれない――。

こんな気持ちになるなんて、せかせかと動き回っていた入院前は考えられなかったことだった。

カウンセリングを受けたことで、大げさではなく、世界の見え方がガラッと変わったように感じた。今までの私は、他人の目を気にして、空気を読んでばかりの生活をしていた。だけどそのとき私が見ていたのは、実は周りの人たちではなくて、〝その人たちを通して見た、私自身〟だったんだと思う。結局のところ私が気にしていたのは、自分のことばっかりだったのだ。

入院してすぐのころ、私は金田さんとの交換日記に「摂食障害を手放すのが怖い」と書いた。その理由は、「頑張って痩せた努力の証を手放したくない」「何かうまくいかなかったときの言い訳が欲しい」「病気である＝他の人より頑張って生きている、という誇りが欲しい」この3つだ。

退院を控えたいま、「過食嘔吐で保てていた気持ちは、どう変化しましたか?」と改めて金田さんに聞かれて、私はこう返事をした。

〝本当に色々な人がいて、色々な人が休んでいるのを見たら、私も焦らず自分のペースで生きればいいやと思いました。今は少しお休みの期間、充電中。ってイメージです〟

全く嘘のない、心からの本音だった。

退院

2021年4月。私はついに退院の日を迎えた。

退院に向けて、事前に先生と最後の面談の時間が設けられた。

「すぐに働くことはできないだろうし、少なくともしばらくの間ひとり暮らしはしない方がいいでしょう。それは理解してもらえるよね？」

「はい、そのつもりです」

「だけど、私たちとしては元の彼のところに戻るのはあまりおすすめできません。やっぱり、今までの生活とは距離を取った方がいいと思うの。アイカさんはどう思う？」

「私もそう思います。もう、あの部屋には戻りたくない」

「そうね。それなら、どうするつもり？」

「他に行くところもないので、とりあえず実家に戻ってゆっくり考えます」


看護師の金田さんには、きちんとお礼を言いに行った。

「金田さんが居てくれたおかげで、ここまで回復することができました。本当にありがとうございました！」

気持ちを伝えると、金田さんも私の退院をとても喜んでくれた。

心の支えだった交換日記は、記念にいただいて帰ることにした。大事に保管してあって、今でもたまに読み返すことがある。金田さんの優しい人柄が溢れていてすごく元気をもらえるし、私の嬉しい気持ち、感謝の気持ちもしっかりと書かれていて、入院生活も辛いことばかりじゃなかったな、と前向きな気持ちになることもできるのだ。

〝寝れないのも、浮腫みも、便秘も、ひとりだったらパニクって乗り越えられませんでした。毎日調子を聞いてくれて、悩みも愚痴も聞いてくれて、本当にありがとうございます。安心でした。金田さんが「私と日記してみる?」と言ってくれたときはびっくりしました。「私の性格バレてる!?」と。私は文章が好きだったので、書けるだけで嬉しかったです〟

いつかまたピンチになっても、私には金田さんが、この病院が付いてるんだという安心感は、とても大きな支えになった。

実家に戻ることを伝えると、リョウさんは「俺のところに戻ってこないの?」って感じだったけど、自分の気持ちをきちんと伝えてなんとか理解してもらえた。これでようやくお別れだ。時間はかかるかもしれないけど、少しずつでも生活を立て直そう。そう、決意した。

約4カ月の入院生活を終えた私は、25歳になっていた。

退院後の生活

退院してしばらくは、実家で安静にしつつ週2回の訪問看護を受けるという生活が続いた。食事に関してはバランスの取れたおかずが定期的に届く宅食を頼んで、ご飯もしっかり「1回何グラム」と量を決めて習慣づけるようにした。

摂食障害は、一般的なケガや病気みたいに「これで完治しました」ということはない。一種の依存症なので、一生付き合っていくタイプの病気だ。事実、私は実家に戻ってからも何度か過食嘔吐のスリップ（一時的な再発）を経験した。夜中、どうしても衝動が抑えきれなくなってコンビニに出かけてしまうのだ。

もちろん「またやってしまった」という罪悪感はあったし、特に妹にその姿を見せるのはさすがに気が引けたから、彼女が寝静まった夜中にトイレで吐いた。ママとは、そのことで何度も喧嘩した。

それでも、入院前の生活に比べたらずいぶんマシになった方だった。1日中吐き続けるようなことはしなくなったし、体重も、前みたいに40キロを切ることはなくなった。


そんな生活をしばらく続けると、だんだんママが私のことに口を出してくるようになってきた。

「アイちゃんせっかく痩せて可愛くなったんだし、また前みたいにお仕事始めて、家にお金入れてくれたら助かるんだけど……」

「今この状態でそれを言う?」っていうママの性格も含め、やっぱり実家に居るのはストレスでもあったし、ひとり暮らしを再開するのに良いタイミングかなと思ってまた夜の仕事を始めた。その時は鬱っぽくなっちゃって動けない日もたまにあったし、比較的少ない労働時間で効率的に稼ぐにはやっぱり夜職かなと思ったのだ。

夜職を始めるとどうしても昼間は寝てしまっているので、訪問看護はこの夕イミングで外してもらった。

いくつかお店を転々として、いま私は銀座のキャバクラで働いている。

今のお店で働くようになってからも、何度かスリップはあった。一番ピンチだったのは、3カ月で10キロほど落ちてしまったときだ。

仕事はありがたいことに上手く行きだして、ある時から私はお店の看板のような立ち位置を任せてもらえるようになった。そうすると、必然的にお店のプロモーションとかで自分の写真を撮られる機会も増えてくる。

「やっぱり私太ってるな。この体重で撮影するなんてあり得ない」

完成した写真を見てそう思うようになってしまった私は、また拒食や過食嘔吐でガクッと体重を落としてしまった。「痩せると上手く行く」という危険な方程式が、いかに自分の中に強く染み付いてしまっているかを実感した。

「昔からアイカちゃんのファンです！」

「アイカちゃん痩せてて、本当に羨ましいです！」

そう言ってお店に入ってきてくれる女の子が増えたのも、ひとつの原因だったと思う。もちろんそう言ってくれることはすごく嬉しいんだけど、やっぱりそれがある種のプレッシャーになってしまっていたのだ。

それでも、そのまま昔みたいに負のスパイラルに落ちていくことはなんとか防ぐことができた。このままではヤバいと思った私は、

「少しの間だけまた私のことを見守ってください」

と病院にお願いして1週間だけ入院させてもらうことにしたのだ。あとで聞くとそういう患者さんは多いらしく、病院側もすんなりと受け入れてくれた。

仕事のやりがい

今の仕事には、とてもやりがいを感じている。頑張れば頑張るほど結果が数字になって表れるこの仕事は、たぶん根本的に私に向いているんだと思う。

ただ同時に、その数字に捉われすぎないように気をつけないといけないな、とも感じる。他人からいただく評価と、自分で自分に与える評価。そのバランスを崩して極端に追い込み過ぎてしまう自分の癖は、これまでの人生で身に染

みて理解しているつもりだ。

当然若さや見た目を売りにする仕事だから、将来に対する不安もないことはない。だけど今は、「将来のことはとりあえず後回しでいいや」なんて呑気なことを考えている自分もいる。無茶苦茶な二十数年間を駆け抜けたおかげで、私はちょっとだけ図太くなれたのだ。

お兄ちゃん

入院生活と、今の仕事のこと。ここまで書いて、この本は終わりにするつもりだった。でも、そうはいかなかった。ようやく前を向いて生きていけるかな、と思っていた矢先、とある大事件が起きたのだ。

ある日、家でゆっくりしていると、携帯にショートメールが届いた。パパからだった。普段から連絡を取り合うようなことはなかったから、驚いたと同時に、とんでもなく嫌な予感がした。

〝警察署から連絡あり。〇〇死亡とのこと〟

そこに書かれていたのは、ずっと会っていなかった下のお兄ちゃんの名前だった。

一体なにが起きてるの？　あまりに突然のことでパニックになりながら、急いでパパに電話をかけた。

「もしもしパパ？　なにがあったの？」

「アイカ、久しぶり。実はね……」

力のない声で、パパは事件についての簡単な説明を始めた。お兄ちゃんの死因は、どうやら覚醒剤らしいということがわかった。

「お母さんにも、アイカの口から詳しいことを伝えてあげてほしい。警察署の方にも、アイカの名前は伝えてあるから」

パパはそれだけ言い残すと、一方的に電話を切ってしまった。

覚醒剤？　何それ。お兄ちゃんがそんなものをやってるなんて聞いたことがなかった。ますます混乱しながら、私はとにかく警察署に電話して詳しい事情を説明してもらうことにした。

「まずお兄さんは、外で電柱にぶつかって倒れているところが見つかって、通報されました。救急車に乗せたときにはかなりの混乱状態だったので、薬物を使用したあとだったのでしょう」

「それから病院に運ばれたんですか?」

「はい。ですが、車内で処置をしている段階で激しい発作が出て、そのまま息を引き取られました」

「……わかりました。それで、この後はどうなるんですか?」

「お兄さんのご遺体を保管してありますので、まずは署にいらしてください。もちろん、ご家族の方を連れてきていただいても構いません」


案の定ママは、手がつけられないくらい取り乱していた。

ＬＩＮＥを送ってみても、「ママより先に死んじゃうなんて」「ありえないよ」と手当たり次第にメッセージを連投してくるだけで、全く話にならない。どうやら妹は外出していて、家にひとりでいるらしかった。

このまま後追いでもされたら最悪だと思った私は、とりあえず大急ぎで実家へと帰った。到着するころにはママは少し落ち着いていて、ある程度ゆっくり話をすることができた。

「ごめんね、ママはもう大丈夫だから。来てくれてありがとう」

とりあえず警察署に顔を見に行くことを伝えると、ママも妹を連れてくるとのことだった。

逃げ道

小さい頃に離ればなれになってからは基本的に会っていなかったから、お兄ちゃんの情報はたまにママから聞きかじるくらいのことしか知らなかった。下のお兄ちゃんは内向的で変わり者だったと最初に書いたけど、どうやら軽い知的障害・発達障害を持っていたようだ。

何年か前に覚醒剤で逮捕されて、その後はしばらく、パパの家で大人しく暮らしていたらしい。普通の会社では上手くいかないし、かといって障害者雇用の職場でも馴染めなくて大変だと、ママが言っているのを聞いたことがある。

そんなお兄ちゃんの気持ちを、私はなんとなくではあるけど理解できた。これも最初に書いたが、私と下のお兄ちゃんの性格は、よく似ていた。

私は「女だから」という理由で守ってもらえることも正直あるし、ある意味「普通の女の子」としての教育をママから受けてきたことで、社会での立ち回り方を覚えたという部分も否定はできない。

だけどもし自分が男だったらと考えたら、どうだろうか。変な言い方だけど、もっと奔放な生き方が「許されて」しまい、その結果、食べ吐きじゃなくて薬物に依存していた可能性だって、全然あるなと思うのだ。

それが良いか悪いかという問題は置いておくとしても、私にとっての食べ吐きと同じように、お兄ちゃんもなにかしらの「逃げ道」を必要としていたんだと思う。

家族が集合したお葬式

ママ、妹、上のお兄ちゃん、そして私の４人で、警察署にお兄ちゃんの顔を見に行った。パパの姿はなかった。

電柱にぶつかった跡だろう、お兄ちゃんの顔には大きな傷が残っていて、とても痛々しかった。

「この子は小さい頃から、本当に落ち着きがなくて……」

そう言いながら泣き崩れるママを、私たちはただ見ていることしかできなかった。

その少し後にお葬式があって、久しぶりに家族全員が顔を合わせることになった。

ずいぶん会っていなかったパパはすっかり白髪まみれで、痩せ細って見えた。ずっと付きっきりでお兄ちゃんの面倒を見て、きっと疲れ切っていたのだろう。

お兄ちゃんは数カ月前に突然パパの家を出ていってしまい、その矢先に起きたのが今回の事件だった。お小遣いまで厳しく管理されていたお兄ちゃんをママが可哀相に思い、こっそりタバコの差し入れをしたり、「もう大人なんだから一人暮らしをしてみたら？」と相談に乗ってあげていたという話も聞いた。

自分は孤独だ、ということを何度も訴えるパパの表情を見て、

「人って、笑い方を忘れるんだな」

と思った。普段は穏やかでニコニコしていたパパの姿は、もうそこにはなかった。息子を失った悲しさと、ようやく解放されたという気持ち。その両方が混ざったような表情が、今でも脳裏に焼きついている。

そんなパパの横で、ママはずっと泣きながら大騒ぎしていた。

「もっとちゃんとしたお葬式にしてあげられたらね……」

ずっとお兄ちゃんの世話をしていたのはパパだし、この式のお金を出したのだってパパだ。そんな自分の隣でこういうことを言ってしまうママのことを、あの時パパはどう思っていたのだろう。


火葬が終わり、小さな骨壺に収まってしまったお兄ちゃんを見て、

「お兄ちゃんとは、もう会えないんだ」

という実感がようやく湧いてきた。

人はいつか死んでしまう。当たり前のことなのに、いざ目の前に現実を突きつけられると無性に怖くて、そして悲しくなった。

自分でも、意外な感情だった。

ちょっと前までは、自分なんていつ死んでもいいとさえ思っていたのに。

お兄ちゃんになんか、全然会っていなかったのに。

「アイカ。人間は、死んじゃったら全部終わりだからね」

「生きてさえいれば、きっといいことあるから」

パパも上のお兄ちゃんも、口を揃えて私にそう伝えてくれた。

「うん、ありがとう」

涙をこらえてそう答えるのが、精一杯だった。


こうして、私たち家族とお兄ちゃんのお別れの式は終わっていった。

生きていれば

生きていればいいことがある。

命を大切に。

人生で大切なことっていうのは結局のところ、そんなバカみたいに当たり前のことなのかもしれないと、最近よく考える。

私にはまだまだやりたいことがあるし、病気とだって、これからもずっと闘っていかないといけない。その上で、しんどいことだってたくさんあるだろう。はっきり言って最悪だ。そんな自分の境遇や性格に、本当に腹が立つ。

でも――。

根拠なんて何もないけれど、私はもう、きっと大丈夫だろうと思うのだ。何度も死にかけて地獄の底から這いあがった経験に比べたら、これからの苦労なんて全然余裕。楽勝だ。

お兄ちゃんの分まで立派に生きる、なんてカッコつけたことを言うつもりはない。私はもっと肩の力を抜いて、シンプルに楽しく生きようと思う。人から愛されたくて、評価が欲しくて、焦って動き回る生活はもう終わりだ。

私は私のままで、きっと美しい。

最後の最後に綺麗事か！　そう思われるかもしれないけど、全部まっすぐな私の本心だということは、どうか理解してほしい。っていうか、こんなの最後でもなんでもない。私の人生は、まだまだこれからうんざりするほど長いはずだ。

これは今の私に向けたエールであり、未来の自分に向けた挑戦状でもある。
そしてこれを読んでくれているあなたにも、少しでも私のエールが届けば嬉しいなと、心からそう思う。

おわりに

部屋に閉じこもって絵ばかり描いていた私が、今こうして、私を応援してくれるあなたに向けて、私と同じ悩みを持つあなたに向けて、本を書いている。

思わず少し笑ってしまう。自分を表現できなかった昔の私からしたら、こんな形で社会に踏み出すことになるなんてまず考えられないことだった。


「私もアイカちゃんと同じ過食嘔吐で悩んでます」

「何かアドバイスをもらえませんか?」

最初にも書いたけど、過食嘔吐のことをカミングアウトしてから、私のSNS宛てにたくさんのDMが届くようになった。その子たちの苦しみは痛いほど理解できるし、もちろんできることなら力になりたい。だけどその気持ちとは裏腹に、軽率に返事をすることはできないな、とも強く思う。

「今すぐやめるべきだよ」

と言うことは簡単だけど、じゃあ急に過食嘔吐を取り上げてしまったら、その子たちはどうなってしまうんだろう？

私は経験者だから分かるけど、その苦しみはきっと想像を絶するものだと思う。私も含め、その子たちにとっての過食嘔吐は、息苦しい社会からの逃げ場所であり、なんとか自分を保つための大切な依存先だ。私の勝手なアドバイスで、そんな心の支えを無責任に取り上げることなんて絶対にできない。


私から強いて言えることがあるとすれば、「何か自分の支えになるようなものを、たくさん探す努力をしてみて欲しい」ということだ。

私にとってその大きな支えとなったものは、仕事だった。

仕事に熱中することで心や生活が充実し、その間だけは過食嘔吐のことを忘れることができた。もちろん適度に休むことは大事だけど、今のところはなんとかその生活を続けられている。


最近は家でゆっくりと本を読んだり好きなアニメを見たりしながら、

「あ、いま幸せかも」

なんて思う瞬間がある。仕事という大きな柱ができたことで、そんな小さな幸せを感じられる心のゆとりができた。

趣味でも、大切な友達でも、何でもいい。あなたもそういう存在を見つけて、できるだけ心に余裕を作って欲しい。それが社会に復帰するための、大きな一歩になるはずだ。


「それができれば苦労はしない」

きっとあなたはそう思うだろう。もし昔の私がこれを読んだとしても、同じように腹を立てたはずだ。

だけど経験者の私でも、いや経験者の私だからこそ、そういう根本的なことを言うしかできないのだ。何度も言うように過食嘔吐は、自分と向き合ってゆっくりと治していくしかない。それほど厄介で、心の奥底にまで入り込んでしまう病気だということを、まずは理解して欲しい。きっとしんどい闘いになると思うけど、一緒に頑張っていきましょう。


最後に。

この本を書くにあたってサポートをしてくれたすべての人に、そしてここまで読んでくれたあなたに、大きな感謝を送りたい。
「これで過食嘔吐は治る！」なんて明確なアドバイスはできないけど、同じように苦しんで生きてきた私の二十数年間の記録が、もしあなたにとって何らかの助けになることがあれば、これ以上嬉しいことはありません。
ゆっくりでいい。自分のペースでいい。少しずつ自分のことを認めて、好きになっていってあげましょう。

あなたはあなたのままで、十分に魅力的な人なのだから。

2023年9月　関あいか

<著者略歴>

関あいか（せき・あいか）

1996年、埼玉県川口市生まれ。

中学在学時にオーディションに合格し、モデルとして活躍する。体型を維持するために過度なダイエットを続けた結果、摂食障害を発症。タレント活動やラウンジでの勤務をこなしながら、闘病生活を続ける。2020年から2021年にかけて、数カ月にわたる入院生活を経験した。

摂食障害モデル

2023年10月23日　第1刷

著　者　　関あいか

発行人　　山田有司

発行所　　株式会社　彩図社
東京都豊島区南大塚3-24-4
MTビル　〒170-0005
TEL：03-5985-8213　FAX：03-5985-8224

印刷所　　シナノ印刷株式会社

URL：https://www.saiz.co.jp
https://twitter.com/saiz_sha

ISBN978-4-8013-0680-6　C0095
落丁・乱丁本は小社宛にお送りください。送料小社負担にて、お取り替えいたします。
定価はカバーに表示してあります。